BELIEVE IN READING

執行力
EXECUTION
The Discipline of Getting Things Done
── 沒有執行力‧哪有競爭力 ──

by LARRY BOSSIDY & RAM CHARAN

包熙迪、夏藍

李明 譯

作者簡介

賴利‧包熙迪（Larry Bossidy）

　　《財星》雜誌評選為百大科技與製造業領導人之一。曾任漢威聯合公司（Honeywell International）及聯合訊號公司（AlliedSignal）董事長與執行長，奇異、默克、摩根大通董事，奇異公司副董事長及奇異信用（General Electric Credit）營運長。在他任職聯合訊號期間，該公司連續三十一季每股盈餘成長超過13%。包熙迪將多年來豐富的管理經驗，濃縮在這本書中，與夏藍一同闡述長久以來企業所失落的環節 —— 執行力，幫助企業重獲邁向成功的紀律與方法。

作者簡介

瑞姆·夏藍（Ram Charan）

　　全球知名的重量級企業顧問、作者與講者，曾入圍2009年《時代》雜誌（*TIME*）百大人物，入圍資料職業欄上填的是「巨星們的管理顧問」（management consultant to the stars）。《經濟學人》雜誌（*The Economist*）（2009年2月號）曾專訪夏藍對景氣低迷的建言，譽之為「時代的導師」（a teacher for the times）；《富比士》雜誌（*Forbes*）亦於2009年2月，將夏藍列為「商界遠見人士」系列報導的大師之一。夏藍有別於其他企業顧問的最大特色是，他擅長協助企業最高決策單位，如執行長及董事會。他不打官腔、針對實際情況、見解敏銳中肯、能提供務實而可執行的建議。其擅長的領域包括：企業成長、策略規畫、領導、建立高階管理團隊、公司治理、推動創新等。《高速企業》（*Fast Company*）雜誌曾指出：「讓夏藍贏得諸多一級主管美譽的原因，除了他全心投入，最重要的是他見解獨到。」近四十年來，夏藍是許多《財星》雜誌（*Fortune*）五百大企業（如奇異電子、杜邦、3M、荷蘭航空、美國銀行等）成功的幕後推手。 為此他馬不停蹄地飛遍全球，投身顧問、演講與寫作。光是2009年，他的飛行里程數

即達八十萬公里。夏藍對商業的敏銳觀察，源於他成長的印度小鎮Uttar Pradesh。他從小在家中開設的鞋店幫忙，從觀察長輩讓顧客賒帳、管理損益的經驗中，萌發探索商學之心。在印度取得工程學士學位後，先後赴澳洲與夏威夷工作，發揮經營長才。後前往哈佛商學院深造，獲得企管碩士與博士學位，以優異成績畢業，獲得貝克學者（Baker Scholar）的殊榮，並曾於哈佛商學院、西北大學商學院任教。 夏藍著作等身，包括在台熱賣逾30萬冊、並榮登紐約時報暢銷排行榜多週的《執行力》、《應變》（*Confronting Reality*，與包熙迪合著）、《實力》（*Know-How*）、《成長力》（*Profitable Growth is Everyone's Business*），並於《財星》雜誌、《金融時報》、《哈佛商業評論》等諸多知名企管雜誌發表文章。最新作品《逆轉力》（Leadership in the Era of Economic Uncertainty）獲《經濟學人》、《洛杉磯時報》、《商業週刊》（*Business Week*）一致讚譽，並獲Amazon.com財經專業書評五星好評。【前述夏藍作品之繁體中文版，均由天下文化出版】

作者簡介

查爾斯・柏克（Charles Burck）

身兼作者與編輯，曾任職於《財星》雜誌。與夏藍合作過《所有產業都是成長性產業》等數本書。

譯者簡介

李明

台大商學系畢業，政大財政學研究所畢業，曾任職民間及政府研究機構、證券業，現為自由譯者與特約編輯。曾譯有《牛頓、達爾文與投資股票》、《亂序》、《記憶七罪》、《全球化的許諾與失落》等。

【執行力】

ㄓˊ ㄒㄧㄥˊ ㄌㄧˋ 名詞

❶失落的環節。

❷公司無法達成原先承諾的主要原因。

❸公司領導人希望達成的目標與組織實踐能力之間的落差。

❹不僅僅是戰術,而是透過發問、分析、追蹤來完成任務的一套系統,也是讓策略與現實相符、人員與目標契合,並達成許諾結果的一種紀律。

❺公司策略與目標的核心部分,也是任何企業領導人的主要工作。

❻有賴對企業及其員工與環境有完整了解的一門學問。

❼將企業三項核心流程 —— 人員、策略、營運 —— 銜接起來,以準時完成任務的方法。

❽二○○二年由包熙迪與夏藍發現,並於《執行力》一書中所揭露的成功之道。

在艱困時期重設執行力

2002年首次出版的《執行力》，是以我們的觀察結果為基礎 —— 企業做事的原則，造成企業成功或矇混過關、甚或失敗的區別。

如今我們陷入嚴重的全球衰退，企業、消費者和政府遭受重創，每個地方都嚴重喪失信心。曾經相當管用的策略和商業模式已不再奏效。即使衰退期結束，商業和經濟環境將不會恢復到「正常」情況。

世界正經歷結構性的轉變 —— 全球商業環境已經被「重設」。如今我們所處的世界，可能會在一夕間出現劇變，許多以前的「假定事實」將會長期變動，這使得執行力更難落實（執行力從來都不容易落實），而且比以往任何時候都更為重要。執行力不只能確保，在信用和資金匱乏的世界中有效運用資源，同時提供企業因應外界各種改變所需要的反饋迴路。沒錯，領導者仍然必須構思一條前進之路，但是推動組織沿路前行並掌握機會的，便是執行力。此外，良好的執行力不僅能幫助公司渡過艱困期，也會在環境持續變動時，大幅提高公司成功的機會。

世事難料，不論未來發生什麼事情，我們全都必須面

企業犯錯的空間愈來愈小，分配和重新分配資源的彈性及速度，將會使績效產生巨大差異。

對，但是請考慮一些可能會發生的徹底改變：

成長將會趨緩。美國這個大型消費者市場可能無法再扮演全球經濟主要推動力的角色，反觀一心要為本國人民創造工作機會的國家，將會進一步放慢進口美國商品的速度。在從衰退走向復甦的初期階段，信用仍將緊縮，槓桿受到限制，有利潤的成長機會難以尋覓。但是當新機會出現時，有執行力的公司將擁有行動所需的信心、速度和資源，同時也會具備做為夥伴、供應商和投資選項的可信度，在企業為成長定位時，擴大自身優勢。

競爭將會加劇。在成長較為緩慢的全球經濟中，每個人都需更努力奮鬥，也需更有智慧，才能贏得市場占有率。每一家公司都將在產品、技術、管理、地點、價格和其他變數間，尋求新的優勢。企業犯錯的空間愈來愈小，分配和重新分配資源的彈性及速度，將會使績效產生巨大差異。這是有待處理的重大問題，若在這些基本的績效細節上執行不當，可能會造成萬劫不復，但問題還不止於此。比方說，較強大、快速的公司可能察覺到機會，並且適時掌握，趁著市場低迷時，以低廉的價格奪取資產，從競爭者手中搶走市場占有率。良好的執行力會更快凸顯過時或錯誤策略中的缺失，讓企業有時間改弦易轍。未能看出策略錯誤，或是不能快速有效執行正確策略的公司，在經濟和金融危機爆發時，將會面臨和通用汽車（Gernal Motors）、克萊斯勒（Chrysler）、貝爾斯登（Bear Stearns）、

AIG和雷曼兄弟（Lehman Brothers）相同的命運。

各國政府將會在本國經濟和商業環境中扮演新角色。新規範的環境會應運而生，各國政府會有不同的執行方式，有的成為企業夥伴，有的成為企業的競爭對手。現在還有一個趨勢，是朝著更為全球化而非國家規範的方向進行，可能會構成難以克服的障礙。因為這類全球化行動包含了不同的文化和政治體制，連國家層級的規範都會深受規則制定者的身分和其可信度影響。此外，日益激烈的競爭壓力將衝擊本國的工作和市場，保護主義的呼聲必然會響起。具有良好執行力的公司，在政府機構選擇夥伴和供應商時，將更具吸引力，面對變動不定的規範，也更能做好萬全的準備。

了解和控制每個業務層級的政治風險和全球經濟風險，將是領導者的一大要務。撰寫本文時，對於全球經濟是否會陷入通貨緊縮，激勵政策是否會激起新一波通貨膨脹，各方迭有爭論。為上述任何一種結果做好準備，是風險管理的基本信條，但是在某種程度上，通膨或通縮都是可預測的，真正的風險是隱藏在「照常營運」背後。十年前，信用違約債務憑證（credit default obligations）或抵押擔保債務憑證（collateralized mortgage obligations）無足輕重，然而這些原本被用來降低風險的工具，卻成為當前危機的根源。過去兩年來的教訓顯而易見：你的策略必須合併風險計畫，以處理公司和產業特有的風險，和全球金融體系中出現的不明風險。執行力讓你擁有

優勢，能察覺出外部環境中的新事實，以及可能無意間對營運業務構成危害的風險。

■　■　■

卓越的執行力會對公司績效產生重大影響，正如克拉克（Richard T. Clark）自2005年擔任默克（Merck & Co.）董事長和執行長以來，對這家大型藥廠所做的改變。董事會選擇克拉克，是因為他在醫藥和營運方面都受過良好訓練。克拉克以擔任默克製造營運主管及默克子公司美可保健（Medco Health Solutions）領導者的雙重經驗，證明他的執行力。

克拉克接下最高領導職務時，默克藥廠正陷入掙扎。當時的公司策略不過是將願景宣言擴增，納入默克過去成就的一般聲明，只是比陳腔濫調要好一些的掛名策略。沒有實質的策略做為執行業務的根據，默克因而陷入停頓狀態。克拉克走馬上任後，立即廣泛審視默克的業務，考慮公司的研究能力和歷史背景，挑出最有勝出機會的幾個領域。克拉克鎖定了適當領域之後，嚴格分析公司現有的製造設施和技術，選出即將成為其創新和卓越策略基礎的工廠和技術。他藉由確保默克製造部門能預期技術發展，並在默克追求的領域中掌握創新尖端地位，為這些原本模糊不清的詞彙提出意義。例如，公司的歷史和成就強烈表明了，默克必須在心臟病學保有領先地位。

　　擁有實質的策略後，克拉克接著大幅更動管理高層，以
確保默克的領導團隊了解當前的策略，並能以團隊的方式執
行。當內部組織依克拉克的期望開始運作，克拉克便策劃收購
先靈葆雅（Schering-Plough），這是一項重大的成就。簡言
之，克拉克採用的便是執行力的三項核心流程，確定每一項做
法彼此連結，使公司的優先考量和資源分配能夠與組織重整及
更明確的焦點保持一致。身為低調的領導者，克拉克快速有效
地改變默克的整體文化，更證明領導者不需要大聲喧嚷和誇大
其詞，就能贏得尊敬和獲致成果。

執行力的三項核心流程

　　包括人員、策略和營運在內的三項核心流程，仍然是卓
越執行力的基礎和核心，但是隨著經濟、政治和商業環境改
變，執行的方式也會跟著改變。

策略

　　世界重新洗牌，擬定策略的基本規則也快速改變。2008
年爆發的全球危機確切證明：僅發展產業競爭分析策略是不夠
的；每項策略都需將瞬息萬變的全球商業環境納入考量。
　　只要看看俄羅斯，就可以了解商業情況的改變有多快。

才不過兩年前，俄羅斯似乎是全球商業發展最看好的地方之一，如今卻成了經濟和政治廢墟，商業前景堪慮。中國十年前是適合設廠的地方，現在已非最具競爭力的商品供應地；多年前因鄰近美國而成為最初外包地點的墨西哥，如今再度成為潛在採購地點的選項。當然，關於策略的決定，並不僅限於考慮「要在哪個國家做生意」這類問題，還要考慮日常營運的重要問題。比方說，經常質疑挑選供應商的標準，評估這些供應商是否仍符合公司發展中的供應鏈策略。

另外，同樣重要的是，每一項策略都要將全球金融和經濟環境的分析和了解納入考慮。如今的全球金融和經濟環境的成長減緩、競爭擴大、消費者行為改變，政府也加強干預，這意謂在每一個層面的風險增加。因此，在擬定策略時，一定要進一步了解和考慮這些風險。

人員

快速成長的環境可以掩蓋住許多罪惡，但是緩慢成長的年代則會放大企業中每個人，尤其是領導者的每一項缺點。在新環境中，你不僅會發現，許多曾備受看重的經理人能力不足；受過完整訓練，心思敏捷、堅毅，在困境中持續執行的領導者也相當缺乏。

領導者必須夠敏銳，知道策略何時會走完該走的歷程以

及需要進行改變；同時也必須具備靈活彈性，快速做出改變。不這麼做的後果，將不堪設想。例如，雷曼兄弟公司董事長富爾德（Richard Fuld）在貝爾斯登破產，暴露其策略缺失後，仍執意固守其高槓桿策略長達數月，未能看出搖搖欲墜的抵押權市場會對公司有何影響，沒有及時採取行動，造成失敗的結果，進而危害全球金融秩序。

可見頂尖領導人才的爭奪戰將會非常激烈。在這個快速變動的環境裡，要確保公司擁有適當的人才從事適當的職務，只有一個方法：就是為明天將出現的每項職務所需人才，寫下職務說明，然後對照目前擔任那些職務的人員所具備的才華和能力。如果沒有適合該環境的領導者，就必須快速行動，做出必要的改變。你現在就必須開始培養未來的領導者，測試並評估他們是否具備面對新挑戰和新環境的執行力。

營運

要具備卓越執行力，就必須有當責制、清楚的目標、精確的績效評估法，以及對績優人員的適當獎勵。但如今，領導者比以往都需要設計出具彈性的營運計畫。過去，企業每年可能會在營運上做出一、兩項重大改變。不過，未來這類改變可能會一年發生好幾次，不論是重新平衡庫存、重新調整價格，或是重新擬定廣告和行銷計畫。此外，營運計畫必須在資源從

一地快速移往另一地時還能採用。1990年代末，百事可樂公司
（PepsiCo）將裝瓶事業分割出去，主要是根據一項邏輯終究
行不通的財務工程計畫；接著在2009年，百事可樂董事長諾伊
（Indra Nooyi）提議買回裝瓶事業，以提供必要的營運彈性，
重新掌控營運和配銷成本。

　　策略不再是不可更改。好策略要依商業環境中的變化，
經常性的審查或修訂，隨著策略改變，公司的人員和營運也必
須改變。領導者不應該為了改變而改變，但是只要情況需要改
變，領導者和公司每位成員都需要為快速改變做好準備。改變
可能是採購地點的變動，例如從中國轉移到墨西哥。人們需要
了解，這些重大的改變會以無法預期的方式影響他們。當寶鹼
（Procter & Gamble）決定將全球的組織從全球架構改為區域
架構時，需要一組不同的領導階層。並不是原來的人員做得不
好，而是新的做法需要不同的技能和知識。

真實世界中的執行力

　　光是弄對一兩項、甚至三項流程是不夠的。我們將檢視
兩家大型金融機構領導者的財務績效，藉此說明，所有流程之
間的連結很重要。摩根大通銀行（JPMorgan Chase）董事長戴
蒙（Jamie Dimon）及花旗集團（CitiGroup）前執行長普林斯
（Charles Prince），同樣精明能幹、廣受尊重，但是執行力的

差異，將組織分別帶到兩個截然不同的境界。

　　先來看看他們的背景。戴蒙是薛爾森（Shearson）公司紅牌股票經紀人泰德‧戴蒙（Theodore "Ted" Dimon）之子，也是極富創意與幹勁的金融家威爾（Sandy Weill）的密友。威爾後來促成了創立花旗集團的交易，他特別照顧年輕的戴蒙，起先讓他在大學暑假期間擔任跑腿打雜的低階職員，後來又擔任高階主管助理。隨著威爾的職涯開展，戴蒙繼續擔任威爾的替身，不僅詳細觀察他如何評估企業，也觀察他如何與人員合作以及評估人員。即使當威爾被逐出美國運通（American Express），展開高階主管形式的流亡時，戴蒙還是長相左右，策劃兩人如何才能重回金融界，並針對潛在交易進行數據分析。

　　他們一起展開一項雄心勃勃的行動，將岌岌可危的商業信用（Commercial Credit）公司，改造成能讓他們登上金融界高峰的工具。透過威爾和戴蒙設計的一連串合併和購併，商業信用公司最後成為花旗集團。直到1998年威爾將他的年輕門徒從花旗集團攆走那天，戴蒙一直在學習金融業的每一個層面，包括最微小的細節和最宏大的策略。他有不少工作邀約，這一點毫不令人意外。2000年，他成為當時全美第五大銀行BankOne的執行長。2004年，摩根大通銀行收購BankOne，為戴蒙成為摩根大通銀行董事長鋪路。

　　普林斯也曾和威爾密切合作，雖然他爬到那個地位的方

> 每個部門建立非常清楚的損益責任,連最底層員工也一樣。每一個部門必須參考同行中的佼佼者來建立本身的基準。

式和戴蒙截然不同。普林斯的父親是個泥水匠、母親則是家庭主婦,他的職涯初期是擔任美國鋼鐵公司(U.S. Steel Corp.)的律師,該公司在國外競爭的衝擊下慘澹經營。接著在1979年,他加入當時同樣經營困難的商業信用公司擔任律師。他的職務之一,便是找人從控制資料公司(Control Data)手中買下商業信用公司。他發現這幾乎不可能,直到1986年,威爾和戴蒙選定商業信用公司,做為恢復兩人昔日在華爾街地位的工具。儘管在收購期間經歷艱苦的談判,威爾對於普林斯的好脾氣和重視細節相當尊崇。

後來,普林斯成為商業信用公司士氣低落的員工和急切想要獲利的威爾團隊間的調停者。他在評估威爾和戴蒙提議的潛在合併和購併案上,也扮演重要角色,但他並未大幅涉入商業信用公司或是後來納入花旗集團旗下幾家公司的日常營運。當戴蒙被逐出花旗集團,客戶安隆(Enron)和世界通訊公司(WorldCom)在巨額會計詐欺案中瓦解時,普林斯就成為威爾的主要親信和門徒。威爾欽點普林斯為接班人,這位律師在2003年成為花旗集團執行長,並在2006年擔任董事長。

擔任大型金融機構領導人的戴蒙和普林斯,採取兩種截然不同的行事做法。戴蒙在摩根大通銀行,採取有條不紊的執行方式:

● 他為銀行裡每個部門建立非常清楚的損益責任,連最底層員工也一樣。每一個部門必須參考同行中的佼佼

> 只有在企業整體表現良好，才有可能實際增加薪酬和
> 紅利。

者來建立本身的基準。（當時摩根大通銀行的業務中，沒有一項被視為業界最佳）。

- 他審慎評核BankOne和摩根大通銀行的人員，從中挑選頂尖人才經營每一項業務。他選出BankOne的消費金融業務高階主管來執掌摩根大通銀行的消費者部門，摩根大通銀行的投資銀行業務主管來負責合併後的投資銀行業務。他也重新接觸花旗集團，招攬一些在他被逐出前曾密切共事的頂尖消費金融專才。

- 他大幅投資資訊科技，以持續掌握迅速成長的消費和投資銀行業務，還有取得競爭優勢所需快速、精確和詳盡的資訊。

- 他設立嚴格的薪酬政策，言明公司整體若不能蓬勃發展，員工的待遇也一樣。他會獎勵個人的提案，但只有在企業整體表現良好，才有可能實際增加薪酬和紅利。他特別密切注意支付給投資銀行家的龐大紅利，逐一瀏覽名單，確定每一筆紅利都是掙來的，不是酬庸贈與。

- 他極力探索和管理摩根大通銀行各項業務內部的風險，每次董事會的風險委員會開會，他必定出席。戴蒙的職務有一大部分是聆聽人們說話，蒐集情報。因此，他從消費者貸款部人員那裡聽到一項預警：抵押貸款開始出問題了。那項警告促使他實際撤出在2008

年形成劇毒的次級貸款市場和衍生性產品。

普林斯的花旗集團執行長經驗，則有天壤之別：

- 他缺少戴蒙的營運經驗。普林斯的法律背景，對於設計交易架構和減少世界通訊及安隆醜聞的衝擊相當有用，但是對監督既龐大又極其複雜的金融帝國，幫助不大。

- 他未能了解業務和員工。威爾一向機智精明，銀行裡也部署了各式專才，但花旗集團是合併了好幾家不同文化的企業所組成的——所羅門兄弟（Salomon Brothers）、美邦銀行（Smith Barney）、旅行家保險公司（Travelers）和原有的花旗銀行等，導致員工和分公司只謀求一己私利，而非公司整體利益，產生難以駕馭的企業文化。

- 他沒有從資深高階主管得到亟需的建議。美國前財政部長魯賓（Robert Rubin）是普林斯和花旗集團董事會大力吹捧的顧問，但是事實證明，他對花旗集團營運的參與出奇的少。擔任花旗集團總裁的資深營運長威林特（Robert Willumstad），在與董事長職務失之交臂後辭職時，普林斯也犯了一個關鍵錯誤。他沒有把營運工作交給資深的營運主管，而解除了威林特的營運職務。

- 普林斯了解安隆或世界通訊等醜聞隱含的法律及聲譽

　　風險，但是他不了解新型、奇特的金融產品會牽涉到的業務風險。

　　因此，整個舞台已經打造好，就等這兩隻金融巨獸投入自經濟大蕭條以來衝擊大型銀行最劇烈、最痛苦的金融危機。摩根大通銀行的策略、人員和營運足以迎接挑戰，戴蒙甚至還能利用這項危機，低價收購搖搖欲墜的貝爾斯登和華盛頓互惠銀行（Washington Mutual）資產，擴展摩根大通銀行的版圖和市占率。但是，花旗集團在全球金融體系瀕臨崩潰時，卻無法應付困局。花旗集團資產負債表上的不良資產很快變得勢不可擋，普林斯於是在2007年11月4日辭職下台。他是危機持續發酵之際，第一批被掃地出門的主要金融領袖。2008年，《財星》雜誌將普林斯列入「未能預見經濟危機來臨」的八位經濟領袖之一。在我們撰寫本文之際，花旗集團今非昔比，只剩下空殼，成為危機時期不良執行力的受害者；摩根大通銀行卻比以往任何時候更強有力地從危機中崛起。

七大重要行為

　　就像執行力的三項核心流程仍是完成事情的要素，只不過需要做一些修正，以因應正在發生的全球重新洗牌；七大重要行為依舊是取得良好執行力的根本要務，但必須根據不同時間點來進行。此外，就像三項核心流程，這七大重要行為並非

各自獨立存在，而是彼此相輔相成。我們會在第三章詳加解釋，這裡先大略說明，目前的環境需要我們在思考及行動上，對七大重要行為做哪些修正。

了解你的企業與員工。 在《執行力》中，我們強調對領域知識的需求，也就是跳脫損益表，詳細了解企業如何賺錢。我們假設，以近距離和個人方式了解本身業務的人，也會了解該類業務隱含的風險。這只說對了一半，我們現在全都痛苦地得知，雖然許多人知道自己的企業如何賺錢，卻少有人知道，那種賺錢方式所隱含的風險。更糟的是，即使同行還有其他競爭者，也沒有人了解他們全都冒著相同的風險。某件事情出錯的機率可能相當小，但因為大家全都做了相同的賭注，如果真有事情出錯，後果可能是場災難。

當雷曼兄弟在高槓桿和不良資產等一連串問題中倒閉之際，高盛（Goldman Sachs）卻倖免於難，因為它對自己業務中存在的風險進行更嚴密的控管。不僅交易員接受風險評估訓練，高階主管在整體業務的許多方面也接受交叉訓練，風險經理人更備受敬重且獲得優渥的薪酬，不像在其他公司被視為增加獲利的障礙。這些因素總合起來，讓高盛能夠辨識出趨勢的轉變，在內部執行因應措施。

當然，有許多既不了解本身業務、也不清楚個中風險的公司。以星巴克（Starbucks）為例，多年來，該公司都是根據一項假設來營運：即使面臨日益激烈的競爭，還是可以繼續提

在艱困時刻，了解你的員工，和了解企業一樣重要。
你需要成為更好的聆聽者，尋求員工的意見和構想。

高價格。顯然，它僥倖得手多年。但現實終究浮現，情況變得非常明顯：經濟拮据的人們自會尋求省錢之道，其中一個方法，便是改至美式甜甜圈Dunkin' Donuts或麥當勞（McDonald's）之類的商店買比較便宜的咖啡。如今，星巴克在高度緊張的經濟條件下，奮力重新設定它本身的業務。再以洋基（Yankee）為例，只要看看在紐約洋基主場比賽的電視轉播，本壘板後方一排排空蕩蕩的座位，就會知道，洋基的管理團隊嚴重錯估球迷在經濟衰退時購買昂貴門票的意願，即使洋基擁有耀眼炫目的新體育場也無濟於事。

在這種艱困時刻，了解你的員工，和了解企業一樣重要。要了解員工，顯然需要根據清楚的目標和坦誠詳盡的反應意見，進行嚴格的評估。你也需要成為更好的聆聽者，尋求員工的意見和構想，即使他們在陳述自己的觀點或論據時，可能不像其他人那麼強有力。聆聽員工說話，了解哪些員工做事腳踏實地，不畏障礙阻撓，決心執行策略，赴湯蹈火在所不辭。你將更能夠評估組織進行徹底變革的能力，這是組織度過難關、做好定位，迎接未來復甦期可能需要的能力。不了解自己的員工，可能促成災難性的決定。這類失敗個案，最令人難忘的，便是電子零售商電路城（Circuit City）執行長史古諾佛（Philip Schoonover）。他在2007年決定解僱公司裡許多薪水最高的銷售人員，以抑制成本。毫無意外的，薪酬最高的銷售人員也是最頂尖的銷售人員，解僱他們的結果也完全符合預

期：銷售下降。電路城在2009年1月關門大吉。

　　但是，光了解員工還不夠，他們也需要了解你。在艱困時期，絕對關鍵之處在於，身為領導者必須平易近人，展現關切的自信，盡可能分享未被扭曲和篩選過的資訊，行事亦要果斷。記住，人們經常會尋找領導者是否有能力帶領大家度過猛烈風暴的徵兆，並解讀或錯誤詮釋蛛絲馬跡，不論那些跡象是刻意還是意外被傳送出來的。

　　實事求是。經營環境再也不會一樣，沒有人知道經濟衰退會持續多久，復甦會以怎樣的形式展現；因此，實事求是也會有某種程度的不確定性。總有某事會發生，進而改變現狀。所以，把任何事情視為當然，或是「看著後視鏡」經營企業，將導致失敗。退休的英特爾執行長葛洛夫（Andy Grove）在《十倍速時代》（*Only the Paranoid Survive*）一書，為我們下了最好的結論＊。特別是在現今的環境中，人們會對未來抱持不切實際的樂觀看法，或是隱瞞組織面臨的問題。更重要的是，要實事求是而非試著掩蓋問題，來維持身為領導者的可信度。

　　與不確定性共存，並不表示麻痺。你必須依據策略行事，即使你明白，策略會隨著環境的發展而有變化。這意謂著

＊ 葛洛夫在書中指出舊有經營環境消失、嶄新經營環境開始的「策略轉折點」，也是企業經營產生重大變化的時刻，企業或許能攀升至另一個高點，抑或從此一蹶不振。

應該「親赴現場」蒐集基層情報，觀察市場中的消費者行為，而不是等著看報告。

　　實事求是也要求你對企業以外的世界有自己的看法，並且讓企業做好因應現實的準備，針對攸關企業生存的威脅，以及讓你付出更多代價來抵抗的威脅，做出理性的判斷。威名百貨的經營策略顯然是低價，但是太過執著於控制勞力成本，使得嚴苛的人事政策最後傷害到公司的股價和形象。威名百貨對員工懷有敵意的政策，與好市多（Costco）和諧的勞資關係和雇主聲譽相較，可以清楚看出威名百貨對於嚴苛政策可以達成什麼目的，並不務實。

　　了解事實至關重要，將事實傳達給員工，也同等重要。在某種程度上，這意謂著了解並聆聽員工的疑慮。由於每個人都可以輕易使用網際網路、手機、即時通和推特（Twitter），不正確、有時甚至是惡意的資訊無可避免地會快速散播。資訊到處充斥，不可能一一回應，採取防衛態度並沒有助益，但如果你仔細聆人們的想法和憂慮的事，當特別過分或具傷害性的謠言散播時，有時候可以加以制止，並且說：「那是錯誤訊息，我這裡有真實的資訊。」

　　辨別明確的目標和優先順序。世界重新洗牌，考驗著一個人辨別明確目標和優先順序的能力。例如，2008年，安全和現金管理成為許多公司的主要目標，然而，在主要目標當中包含了相關的風險管理目標。此外，與過去幾年不同的是，須在

短期和長期目標間取得平衡。辨別目標，需要某種程度的智慧和能達到正確平衡的專業。這依序需要實事求是、業務知識，及具前兩項重要行為的員工。選錯目標可能會帶來災難，錯誤目標的出現，通常都是因為領導者對員工是否具備達成目標的能力不切實際。第一個步驟是清楚說明正確的目標。接著，組織員工必須執行目標，這意謂著必須設立優先順序和基準。光說「我們需要貢獻一百億美元的現金」是不夠的，你必須知道，哪部分業務會產生多少現金、員工會怎麼執行（例如，透過管理庫存和應收帳款）、負責人員是誰，以及如何貫徹執行，以確定每個人都做好分內的事。

設定任何目標前，了解達成目標涉及的相關風險是最基本的工作。想得到報酬，就得冒風險，但是未能了解並防範風險，會危及獲取報酬的能力。華爾街讓我們看到，了解風險不僅僅是設計出複雜的數學模型。這類模型當然有其用處，但常識也派得上用場。十年前設計出「長期資本管理」（Long-Term Capital Management）數學模型的諾貝爾獎得主，以及設計、銷售或投資不良擔保房貸憑證（CMO）、在2008年幾乎使全球金融體系崩潰的專家，絕對都很聰明，但是他們並沒有看到環伺的整體風險。一旦辨識出風險並加以分析後，就要考慮採取避險策略，或是限制自己在高風險領域的參與度。你無法、也不會想要迴避所有風險，但如果風險危及組織的生存，避險可能是救命之道。

後續追蹤。持續和循序的執行力，可確保在討論誰將負責哪些事務，以及評估特定里程碑時，能夠建立結論。若不能建立這個結論，會使得執行決定或策略的人無法清楚了解自己的角色。當事件在充滿不確定性的情況下快速展開時，貫徹執行就成為更密集的流程。你必須將各里程碑安排得更接近，以免有偏離的餘地，並且讓資訊流動得更快速、更詳細，好讓每個人都知道策略的進展。

貫徹執行是以知識為基礎，但有時候——尤其是現在——貫徹執行也需要勇氣。有人憂慮自家公司發行的擔保房貸憑證規模，他們知道，在錯誤的條件下，擔保房貸憑證可能造成嚴重問題。但是幾乎沒有證據顯示，他們在面對發行擔保房貸憑證和其他奇特衍生性產品創造的大量金錢時，有勇氣提出質疑。要讓貫徹執行真正發揮作用，就必須在進行分析後立即採取行動。有謀無勇，也不會產生成效。

論功行賞。我們在《執行力》中強調過，這是企業獲致成功的關鍵。但是這幾年間，強調論功行賞的重要性，反而促成嚴重失衡的過高薪酬計畫。無疑的，這些薪酬計畫太偏向短期結果，而且經常是錯誤的結果，也就是偏向售出抵押貸款的件數，而非抵押貸款的健全度。企業發展所謂「現收現付」（pay as you go）的薪酬制度，這種制度太過強調短期結果，提供重大誘因，讓人們甘冒遠高於合理水準的風險，以賺取高額的獎金。當所有大型銀行和投資公司採用基本上相同的薪酬

結構時，全球風險就呈現失控狀態。

比方說，2008年金融危機爆發前，金融服務業人員因銷售擔保房貸憑證可獲得報酬，完全不顧這些工具的長期績效如何。相同的誘因心態瀰漫整個經濟體系，從績效不佳卻獲得龐大獎金的房利美（Fannie Mae）和房地美（Freddie Mac）等大型企業執行長，到抵押貸款經紀人的店面，不一而足。抵押貸款經紀人的酬勞，是根據他們啟動的抵押貸款件數，接著那些抵押貸款被出售，至於抵押貸款的健全度如何，沒有人注意。

當然，要適當獎勵「執行員工」，就必須正確定義何謂執行員工。這是執行力構想中最重要的部分。簡言之，執行員工是指把事情做好的員工，所做的事情，是為了達到目標。有些目標是合理的短期目標，會產生短期結果，並且提供適當的短期獎勵。但有些目標是長期性質，按照定義，我們不會知道自己是否在某個時點已經達到目標。因此，應該以長期方式來獎勵努力達成長期目標的員工，並根據是否達成目標裡的重要里程碑來發放。此外，有些目標的持續時間相當漫長，應該只有在員工退休，或是員工對達成極長期目標所做貢獻可評估時，才提供獎勵。領導者必須負責訂定對執行員工的適當獎勵，董事會尤其應如此。但許多董事卻對一些績效不良的執行長，做出予以獎勵的差勁決定。

由於這些行為互有關聯，必須根據正確的衡量標準來獎勵執行員工。長久以來，企業（通常跟董事會有關）將「股東

價值」列入衡量目標中，並在薪酬計畫中獎勵。然而，將股東
價值列為目標的董事和執行長忽略了一個要點：增加股東價值
應該是結果，而非目標。如果你以正確目標設定出正確策略，
妥善執行策略並達成目標——例如，每股盈餘（EPS）成長、
現金流量良好、市場占有率提高——股東價值就是最後的結
果。把其他事情做對，股東價值自然水到渠成。

　　傳授經驗以提升員工能力。這項重要行為的基礎不會改
變。即使在艱困時期，你仍然可以找到方法提供教育訓練，做
為對公司未來的投資。即使在這種惡劣的環境中，晉升機會可
能寥寥可數，還是可以找到擴展並考驗員工能力的方法。不消
說，你需要進行確切、精準和坦白的評估，但是要確定，你尋
求的是在目前混亂局面中具重大影響的特質：活力、勇氣、誠
實、正直和毅力。你需要靈活應變的人，而不是愛哭訴和唱反
調的人。你也需要重新思考，當組織策略逐步發展之際，哪些
人在新環境中較可能脫穎而出。葛斯特納（Lou Gerstner）在
振興IBM的電腦業務上做得很好，他也具備前瞻智慧，看出
IBM需要朝服務導向發展。因此，他培養具備廣泛服務經驗的
彭明盛（Sam Palmisano）接掌兵符，此舉證明了葛斯特納的
執行力。彭明盛持續增加IBM的服務業務，包括在海外擴展服
務能力，並且建立能擴展和加深專業技術的夥伴關係。

　　了解自我。第七項重要行為可能是最重要的一項，適用
於每一位領導者，對執行長尤其重要。當人們擁有樓層角落的

獨立辦公室時，不是成長便是膨脹。惠普（HP）的赫德（Mark Hurd）和安泰（Aetna）的威廉斯（Ronald Williams）是領導者在執行長職位上成長的絕佳例子。泰科（Tyco）前執行長科斯洛夫斯基（Dennis Koslowski）則是在職位中膨脹，最後因濫用公司資產而鋃鐺入獄。此外，即使在職位中成長的人，也會染上「執行長永遠是對的」症候群，無意間扼殺了企業亟需的異議和辯論。因此，你必須靠一己之力抑制自我，識別不可避免的盲點。要特別謹防失去傾聽的能力。你不僅需要公司內外的專業技術來支撐你的盲點和弱點，也需要一個管道來接觸那些願意且能夠提供你各種觀點和壞消息的人們。最重要的是，你需要能夠辨識出自己何時成為問題的一部分。

我們高度讚揚比爾‧福特（Bill Ford）的作為，他接下領導家族企業的挑戰，接著了解到這項工作非他所能勝任，於是他將自己解僱，起用穆拉尼（Allan Mulally），試圖重振福特汽車岌岌可危的命運。截至本文完成之際，福特在沒有政府貸款援助下存活過來，勝過通用汽車和克萊斯勒這兩個長期的對手。

前進的道路

「願你活在趣味橫生的時光」這個詛咒，在我們身上應驗。目前完全無法確定，我們要如何以及何時才能夠脫離令全

球痛苦不堪的經濟和金融問題。各國政府和企業領袖在未知的海域，各自試著尋找正確的前進道路。這是一項艱難的工作，但是並非不可能的任務。在現今的變動世界裡，為組織找到正確解決方案的領導者，必定會獲得應得的獎勵。

有一些特性可以區分向前邁進的卓越領導者。這些領導者對周遭世界具備遙遙領先的知識；絕不會停止學習；行事極為靈活彈性，快速適應瞬息萬變的情況；但最重要的或許是，他們會以正面和令人振奮的方式來領導，讓追隨者產生信心。

不論你是初次閱讀《執行力》或是第十次重讀，請放心，執行力的原則永恆不變，而且會提供有助事業進展的準則。只有應用上述原則的方法，能夠因應瞬息萬變的環境。

目次

執行是領導人最重要的工作。在執行的過程中，一切變得明確起來，你會更看清楚產業界的全貌。執行也是因應變革或轉型的最好方法 —— 比企業文化或經營哲學都管用。

第一部　為何需要執行力

第一章│跨越策略與現實之間的巨大鴻溝　　　069

偉大的想法除非能轉換為具體的行動步驟，否則毫無意義可言。少了執行，突破性思考沒有用，學習不會帶來價值，員工無法達成延展性目標，革命也會半途而廢。

引言

台灣，從執行力再出發

── 終結政策空轉、無商不艱、民心渙散

高希均（美國威斯康辛大學榮譽教授）

進入知識經濟的二〇〇三年，全球陷入前所罕見的通貨緊縮。從跨國公司到中小企業，必須立即調整所有營運策略，從人員裁減、資源整合到新產品的推出時機。面對這一劇變，全球各地的企業最需要的不再是彩虹般的想像力，而是扎實果斷能帶來實效的執行力。一夕之間，「執行力」變成最時髦、最實用的藥方。

這正就是為什麼一位美國企業領袖包熙迪與一位著名顧問夏藍合寫的《執行力》一書在美問世後，立即洛陽紙貴，被視為各界力爭上游的新聖經。

奇異公司的威爾許（Jack Welch）稱讚「一個是偉大的實踐家，一個是睿智的理論家」所合寫的書令人折服。台大湯明哲教授認為本書「填補了管理學最大的黑洞」；趨勢科技董事長張明正高呼「執行力萬歲」，要他的員工「集體閱讀，全盤

受惠」；統一總經理林蒼生點出「領導人應將整個靈魂沉浸於企業經營當中，進而將執行力視為一種紀律，使深植於企業中的執行力與美好的願景相呼應。」

執行力讓台灣重生

世界上只有一個台灣。台灣有三個部門：政府台灣、企業台灣、民間台灣。政府台灣，因領導力無方，政策空轉。企業台灣，因競爭力衰退，無商不「艱」。民間台灣，因生命力頓挫，民心渙散。

此刻，只有「執行力」這帖藥方，才能聚焦，才能集中全力，才能扭轉頹勢。透過執行力，「想法」變成「做法」，夢想才能成真。事實上，把一個對的任務，或者一個對的策略，徹徹底底的完成，從來就是大小企業與政府施政的成功關鍵。徹徹底底的完成任務就是執行力。

本書作者指出圓滿達成執行力的三個步驟：任用對的人才，採取對的策略，以及完成對的營運；但是企業領導人必須自己全心參與。這本《執行力》新著，以實戰經驗，生動例子，提出具體步驟。

二〇〇三年，台灣執行年

當前社會上一些熱中於口水戰者，慷慨激昂地陳述己見（make a point），鮮少對當前困境產生實效（make a difference），他們總以為時間還在台灣這一邊；否則運氣在台灣這一邊；否則上帝在台灣這一邊；這當然是一廂情願，造成時機的錯失。因此本書不只是企業家要讀，民意代表、意見領袖與決策階層更要讀。

面對台灣社會無處不在的無力感：

- 只有靠「執行力」，政府才能終結政策空轉。
- 只有靠「執行力」，企業才能反敗為勝。
- 只有靠「執行力」，民間再能重現生機。

行政院游院長於二〇〇三年一月二十七日就職週年時，再度指出他的施政態度：「改革、創新、興利、貫徹。」此一態度 —— 尤其「貫徹」 —— 正是當前最迫切需要的。

全國上下應當一起推動二〇〇三年為台灣「執行年」。台灣，別無選擇，只有抓緊時機，從「執行力」再出發。

填補管理最大的黑洞

湯明哲（台大國際企業系教授）

　　執行力大概是企業管理學最大的黑洞，管理學有琳瑯滿目的理論，告訴管理人員如何核定策略，如何進行組織變遷，如何選才、育才、留才，如何做資本預算，如何如何……，可是，該如何執行這些想法，卻往往被視為是理所當然，未曾有人加以探討。因此，管理學院培養了一大堆thinkers，可以當很好的幕僚人才，然而，要當高階經理，僅是個thinker並不夠，還要是能做事的doer。換言之，策略要創造差異化，是make a difference，而執行力能make it happen，二者不可缺一。二者孰重孰輕，當然沒有定論。根據筆者的觀察，一間企業的成功，30％靠策略，40％靠執行力，其他30％呢？當然就是運氣。運氣無法教，但策略和執行力可以言傳。本書大概是對執行力詳細解說的第一本書，對策略管理的學者而言，本書絕對是彌補執行策略（strategy implementation）的好書！在中譯本出現之前，筆者即指定本書原文版為EMBA策略管理的參

考書。

策略雷同，績效為何大不同？

　　執行力到底重不重要？我們看到滿街的便利商店，只有
7-Eleven一枝獨秀；滿街的咖啡店，只有星巴克（Starbucks）
賓客滿座。各家便利商店和咖啡店策略大致雷同，但績效卻大
不相同，道理何在？關鍵便在於執行力！雖然許多企業的成功
能歸功於策略創新（strategic innovation）、新的經營模式
（business model），創造出和競爭對手之間的差距，但若執
行力不夠，一定會被模仿者追上。台積電即是以執行力甩開競
爭對手的例子，晶圓代工是偉大的策略創新，但競爭者隨即跟
進，競爭的重點不再是經營模式，而轉移到良率上。就像六個
標準差的運動一樣，良率的改善是一點一滴累積的功夫，日久
見真章。誰都知道要增加良率，但和競爭者的差距就在執行力
的高低。國外的例子亦屢見不鮮，書中提到不少案例，例如第
二章中的全錄（Xerox）公司便是因缺乏執行力而失敗。全錄
在策略轉折點上，選擇了和IBM轉型一樣的策略：提供顧客文
件的完整解決方案（total solution provider），也將IBM的財務
長挖來當執行長，但是卻沒有考慮到全錄公司當時組織的執行
能力，最後終於以失敗收場。

　　國外靠執行力最成功的例子是威名百貨（Wal-Mart），百

貨業在美國早就是成熟的產業，照波特的五力分析，那是無利可圖的產業。但是，威名百貨的創辦人華頓（Sam Walton）開始從鄉村包圍城市，一點一滴拉大和競爭者之間的差距。例如光是偷竊的損失，威名百貨就比競爭者少了一個百分點，這樣的成果和3％的淨利相比，真是貢獻可觀，而這就是執行力的具體表現。除此之外，威名百貨還利用集中發貨倉庫，每天都提供低價商品（everyday low price），還有全國衛星連線的管理資訊系統等等，威名百貨便以這些看似平淡無奇的管理手法，創造出全球最大的百貨公司。在過去四十年中，沒有任何公司能成功地模仿威名百貨，成功之道無他，唯執行力而已。

想成功，就看《執行力》

許多公司的失敗常可歸因於執行力不佳，策略、願景一大籮筐，卻光說不練，通通流於「口號管理」。這些公司沒有將策略、願景落實到目標、戰術上，也未能將目標、執行方法列出里程碑，然後根據達到的程度訂定賞罰標準。也因此，往往產生了「組織末梢神經麻痺症」。畢竟，帝力於我何有哉！愈到基層，公司策略愈不痛不癢，公司整頓，只有上層經理是流水的官，會被砍頭走路，基層員工是鐵打的兵，頭一低，鋒頭過了，又是好漢一條，仍是我行我素，這就是執行力落敗的表徵。許多老闆都說：「是呀！可是又能怎麼辦呢？」看本

書，就能提供一些解答。

　　本書作者之一的包熙迪出身於奇異公司，為奇異執行長接班候選人之一，還沒接到班，就先到聯合訊號（AlliedSignal）擔任執行長，再擔任漢威聯合（Honeywell International）公司執行長，管理經驗豐富，書中依稀可以看到奇異公司前任執行長威爾許（Jack Welch）的身影。包熙迪根據他豐富的管理經驗，提出建立組織執行力的要則，這些要則看似老生常談，但深入研究，卻非常發人深省，在關鍵決策時刻會發揮臨門一腳的功用，下面便闡述本書的要點。

讓執行力融於企業文化中

　　首先，執行力的關鍵在於透過組織影響人的行為。譬如台塑企業有五萬員工，如果每一個員工每天能多花十分鐘替企業想想如何改善工作流程，將工作做得更好，老闆的交代自然能夠徹底執行。但問題是如何讓員工心悅誠服地自願多用心，將工作執行得更好？關鍵就在文化、用人和組織程序。

　　組織要有執行的文化，但很多組織充滿了thinkers，對於公司決策不是打折扣，就是找理由說太困難了，達不到。再不然，就是不仔細用心去想如何照顧細節，稀里呼嚕隨便交差了事。有執行力的公司，員工一定「用心」去做事情，講究速度、細節和紀律。以極端的例子來看，老闆早上交代的事，下

午不做出來不會回家。

此外，在文中第三章提到有執行力的公司一定有追根究柢的文化。企業問題層出不窮，下焉者，躲避問題，等到問題更大時再來解決；中焉者，解決表面問題；上焉者，找出問題的根源，再依次解決。有執行力的公司則會透過坦率的溝通，將問題的核心找出來，再加以解決。這一點在第三章中，特別強調執行長問問題的技巧，透過一針見血的問題，執行長才能追根究柢解決問題。

為了要培養執行力的文化，公司執行長不是像《從A到A+》中無為而治、群龍無首的執行長，而要親身參與公司的運作，對於公司的營運細節要了解得愈多愈好，國內成功企業的執行長無一不是對本身業務知之甚詳。

此外，最重要的是將公司的獎勵制度和執行力連結起來。假設公司將經理人員的執行力分為ABC三級，接下來，公司一定要破除情面，拉大三者間的獎賞差距，這樣才能培養出有執行力的文化。然而，大多數公司的老闆礙於人情，獎賞都是靠老闆的好惡，長而久之，員工只知巴結上級，就不會重視績效了，所以，執行長一定要有作者所說的「情緒韌性」（請見第三章）。

還要用能「執行」的人

有了執行的文化，還要有能執行的人，因此，用人成為執行長的主要工作。但是，用人不是全部用最好的人，而應該有互補的才能。例如高階主管團隊（top management team）個人IQ的最佳組合可能是125，但其中變異數最好是10，EQ則至少要125，各項管理能力（領導、協調、決策、溝通、判斷、創新、穩重等）各有平衡。執行長如何評估個人能力、教導個人執行能力，是公司總體執行力的關鍵。

國內高科技廠商前幾年，熱中於國外購併，殊不知國外購併是執行力要求最高的管理活動，其中所碰到的問題均需要高超的管理能力才能竟全功。有家IC設計廠商購併國外同業，希望能整合兩家公司的晶片設計，成為SOC（system on a chip）。這家公司的策略正確，但購併之後，人員流失，新產品延遲推出，完全達不到原來的期望。由於沒有能執行購併後整合的高階經理，所以許多公司的國外購併均以失敗收場。

本書一再強調執行長對於下屬的執行能力絕對沒有打折的空間，不對就換人，這一點，又得靠執行長的情緒韌性。至於如何將對的人擺到對的位置，看似簡單，本書卻有許多超乎常理的例子，值得讀者細細體會。例如常見的「組織侏儒症」，便可以在本書找到藥方。

所謂「組織侏儒症」指的是組織中主管怕被下屬取代，

所以雇用的手下一定會比自己差，因此，總經理雇的副總經理一定較總經理差，副總雇的協理又差一截，一層一層因循下去，組織便充滿了才能普通、只能勉強滿足目前職位的經理人。在第六章中，作者詳述在「管理資源評估」的運作機制下，組織侏儒症不會產生。第六章所提到的許多人事案例，解決的方法多是違反直覺（counter intuition）的做法，不看本書，對於經理執行力的評估，便得不到精髓。

第六章亦強調人事政策要和公司策略配合。人事的評量要有一套流程，不單是看過去的績效（這是大多數人事經理的通病），而是要看經理人員的能力能否配合公司未來策略的需求，例如：公司要採取以外包為降低成本的手段，就需要有採購能力的人才。因此，在未來策略的指導下，公司先推估出未來所需要的管理能力，再評估現有高階經理的能力，將他們分列為有潛力、OK、或有待改進三級，未來的晉升就有章法可循了。這種做法和國內大部分公司將人事功能視為間接費用，為不得不發生的成本的觀點，大異其趣。

改善組織流程，競爭力才能提升

有了執行的文化，有了執行的人才，下一步就是將執行的精神落實到企業的組織程序中。本書一直強調組織程序的重要，有三章分別單獨談到人員流程、策略流程和營運流程等三

個核心流程。

　　企業要基業長青，追根究柢，最重要的還是企業的能力是否能勝過對手。而企業的能力就來自於組織流程（processes）。企業乃是透過組織流程，將企業的資源，例如人力、財務資源等轉換成組織的能力。因此，組織流程便成為企業競爭力的決定因素。

　　組織流程指的是企業內正式或非正式約定俗成的做事方法。企業透過一系列活動創造價值，組織流程就是進行這些活動的方式。例如組織必須要做售後服務的活動，以賺取顧客的終身價值，如何做售後服務是一個過程，服務人員如何回答顧客抱怨、如何對顧客進行技術指導等，都是一套套的過程。這些過程可以是明文規定的標準作業流程（standard operating procedures），也可以是固定習慣的做法。做法不同，結果也不同，當這些過程形成一套制度後，組織的能力和績效也於焉產生。

　　以台塑集團為例，降低成本是台塑集團的獨特能力之一，台塑設立了環環相扣的採購流程、生產排定流程、資財管理流程，成就了成本領導地位。再看諾基亞（Nokia），新產品的發展流程就像是爵士樂團，新產品的發展小組中，有任何人的創新起了調之後，其他成員即配合其基調共同發展，這種新產品發展流程便和由上而下的流程大為不同。

　　組織流程也有階層之分。低層的流程偏重在作業層次，

可稱為「作業性流程」，例如員工請假流程、出差辦法等。高一層的是功能性的組織流程，對組織的績效有較大的影響，例如顧客關係管理流程、供應商管理流程、知識管理流程等，這些流程可稱為「功能性流程」，和各功能部門如行銷、生產、研發等有關。美國大型公司通常將公司過去的經驗及智慧落實到各項流程中，這些流程就構成標準作業流程。

落實策略，得靠執行力

最高層次的流程是策略流程，包含策略的形成流程和評估流程。本書作者花了兩章的篇幅介紹策略和執行力的關係。策略是公司未來發展的指南，再加上企業決策有環環相扣的特性，上層策略就決定了執行策略的行銷、生產和財務方案。雖然策略和企業決策環環相扣，但是策略一定要簡單，一頁就要能講清楚。最重要的是要有策略基石，所謂策略基石就是所要執行之策略的策略重點，由策略重點再去導出各式各樣的執行方案。台塑企業的策略基石就是提高設備利用率，一點一滴降低成本；台積電的策略基石就是以先進製程的良率提高客戶服務水準，再尋求產能利用率的提升。

國內公司常認為策略不重要，只要產品選對，用全力去衝，策略目標即可達成，因此策略通常虛應故事，由幕僚去寫，到了策略會議再說如何做得更好，便交差了事。這種策略

是無法執行的，形成之後只能束之高閣堆灰塵。本書強調：策略的形成不能假他人之手，一定要是經理人員的傑作，而且還要根據策略擬定營運計畫，環環相扣，邏輯上緊緊連貫，形成一套策略體系，這才是「有執行力」的策略形成流程。

痛下針砭，這是本真正有用的書

　　本書針對一般公司執行力不彰的現象痛下針砭。執行力不彰的現象在國內公司屢見不鮮，是組織的通病，但國內有些公司治執行力不佳的病症，卻是用恐怖管理（management by fear）。這些公司先設定較高水準的目標，然後只問目標、不問手段，並將無法達到目標的經理毫不留情地開革，反正要升官的人多的很。經理人天天戰戰兢兢，生活在老闆的壓力下，這種恐怖管理雖然可以提升執行力，但是老闆必須事事躬親，老闆一不在，員工執行力立即打折。在這類公司中，通常老闆的執行力，就是組織的執行力。

　　這和本書中建立執行力文化，培養管理才能，選才適所，再建立以流程為基礎的組織，以維持長久的組織執行力，實有天壤之別。其實，這就是許多企業無法躍上國際舞台的真正原因。

　　當然，本書的作者經驗集中於奇異等大公司，在國內使用上還要加以調整，但是，要成為國際級的公司就要有國際級

的管理，建立文化、制度、流程，集眾人之力打造公司，都是不可或缺的管理要務。此外，全書一直強調坦誠的溝通是建立執行力的基石，無論人員、策略、營運流程都是建立在誠實面對事實的溝通上。這一點，在天天承體上意，內鬥內行、外鬥外行的組織是不可能達到的境界，因為執行力會互相抵消，無法建立起來。

和《從A到A$^+$》這本書來比，本書顯然實用的多。《從A到A$^+$》書中所研究的十一間公司，的確有風光的十五年，但在以後的期間，績效不再。其中的電路城（Circuit City）、金吉列（Gillette）、金百利克拉克（Kimberly-Clark）、克羅格（Kroger）、紐可鋼鐵（Nucor）均回到普通的績效，從A$^+$回到B。無怪乎《執行力》這本書在美國的暢銷書排行榜高踞不下。

執行力萬歲！

張明正（趨勢科技董事長）

這十多年來高科技業風起雲湧，歷經許多驚人的轉折。電腦從大型主機到筆記型電腦、個人資料系統（PDA）；霸主從IBM換成微軟；網路系統從Netware、NT到網際網路；明星產業從硬體製造廠變為軟體設計商，再到網路業、電信業，然後在股票狂飆中，種種弊端漸露，安隆（Enron）、世界通訊（WorldCom）的醜聞暴露了充斥人心的貪婪，終於讓泡沫榮景破滅，新經濟的神話不再！台灣的股票分紅制度也暴露出規避成本計算的不公，備受海外法人股東的質疑；不論中外，企業高階主管藉由配發股票分紅自肥的行徑，讓昔日的英雄變狗熊，CEO幾乎變成過街老鼠，美國上千家上市公司的執行長在布希總統的強力要求下，竟然得公開發誓簽約，保證會計報表一定誠實，與兩年前的意氣風發真是今非昔比。

我有幸親身參與了這個驚濤駭浪的時代，帶領趨勢科技從一九九八年的三人創業（我與怡蓁、怡芬）公司到如今二千

名同仁分布全球二十六個國家的跨國公司;從立足台灣的防毒軟體公司,到日本東京證券第一部、日經二二五指數的上市公司。這中間的過程幾經跌宕、歷經變革,心路歷程實在不足為外人道也。

孤獨的執行長發現知音

身為跨國公司的執行長,其實有時是很孤獨的。當身處困境與迷惑時,常常沒有人可以指點迷津、也沒有先例可循。所幸有源源出版的新書隨時提供與時並進的新知與業界的案例。多年來,書是我堅實的靠山。我視出差旅行為畏途,但是長途飛行的時間卻是我最能專心讀書、吸收新知的時候。十多個鐘頭在埋首書堆中轉眼而過,有時我竟還怨嘆飛行時間太短呢。

二〇〇二年夏天,在矽谷買了一堆新書之後直飛東京。十個鐘頭一口氣讀完由包熙迪(Larry Bossidy)和夏藍(Ram Charan)合著的《執行力》,不禁拍案叫絕、擲書而嘆!看過這麼多有關企業管理的論著,這本書最是深得我心。所有的理念與我不謀而合,竟彷彿趨勢科技是照著這本金科玉律而執行成長的一般。我一看再看,感慨萬千,尤其欣慰我藉由摸索與直覺而施行的策略與管理,在這本書上完全得到了理論的印證。我認為這本書中務實的做法正是如今經濟低迷之下,企業

亟需省思與借重的。

下了飛機之後，我迫不及待地發電子函要求全球趨勢科技管理階層務必詳讀，結果在趨勢內部造成一片風潮，台灣的研發部更發起多場讀書會，大家就實際做事經驗印證書中所言，分享心得。結果無論哪個部門、哪個階層，大家都深覺受益良多。

當時台灣趨勢的同仁讀的都是厚厚的英文版，K得很辛苦，如今天下文化快速準確地將此書翻譯成易讀易懂的中文版，真是造福讀者，我在此十分樂意全力舉薦這本書，希望台灣的公司也會像趨勢科技一樣，集體閱讀、全盤受惠，重視執行力。我相信對台灣企業的競爭力必有提升。

執行力讓趨勢造英雄

作者之一包熙迪曾是漢威聯合（Honeywell）的執行長。他說：「所有好的領導者必定具備務實主義的通性，在執行方面親力親為。」「所謂徹底執行並不是把事情完成就好，更重要的是必須了解問題所在、重要順序為何？這樣才能真正完成任務。執行是一種文化，必須所有的人都從實踐當中得到滿足，而不是滿足於空談概念而已。」

當今許多媒體報導成功的企業故事時，大多著墨在其策略發展的成功，本書卻指出一個企業成功的根源在於執行力

(execution)。當許多人把公司經營失敗歸咎於錯誤的經營策略時，作者卻開宗明義地點出是「執行力」分出企業的優勝劣敗。這真是大快人心！在網路泡沫的高峰期，許多名校畢業的MBA，靠著一個未經驗證的創意，組成所謂夢幻經營團隊，以高超的演說技巧天馬行空描繪遠景，竟然都能順利獲得創投基金的青睞，籌得巨資之後，以燒錢為經營本質；上市之後不必創造利潤，不必執行計畫，竟也能股價狂飆。我雖然願意相信新經濟理論以成長為先、以願景為貴的美景，卻總是對未經利潤驗證的企業經營法，心存疑慮。

趨勢科技也是這波網路夢的競逐者與受惠者之一。 我們在一九九八年的高潮時期於日本上市，隔年再下一城，又在美國高科技股必爭之地的那斯達克（Nasdaq）掛牌。股價與市值始終維持高檔，本益比一度直逼五百。

當時我一方面沾沾自喜，一方面卻也戒慎恐懼。我不相信企業不求利潤、只求燒錢的理論能夠長久，更不相信只有創意、不必執行就可以騙得資金的假象能夠持續。因此，雖然常被分析師與投資法人質疑趨勢科技花錢太保守、利潤太高，我還是堅持腳踏實地，以執行策略為先。虛晃的創意、聯盟或合併先放一邊。一直以來，趨勢科技堅決維持50％以上的年成長率與30％以上的純利潤。泡沫之後，我們的股價與市值不免隨之縮水，如今本益比回到五十左右，市值約千億台幣。我跟趨勢的全球高階管理十五人團隊說：「我覺得安心踏實。我們的

願景明確、策略清晰，唯一需要的就是由上而下觀念的一致、文化的加強與徹頭徹尾的執行。而這是我們全體的責任，也是企業經營最關鍵的決勝力。」

這樣的談話平實無奇，沒有出奇致勝的策略，也沒有醍醐灌頂的理念，似乎有點黯淡無趣、不夠振奮人心。但出乎我的意料之外，大家卻真心信服、點頭稱是。正如《執行力》這本書理論務實，卻深得趨勢之心。

領導人不能只是授權

這的確是打破過去多數人的刻板印象，認為高階經理人只要能描繪公司遠景，定好聯盟策略，請好經營團隊、再做好投資人關係，其餘執行細節充分授權就好。在《執行力》一書中，對經理人如何捲起袖子，負起企業未來成敗之責的示範，頗讓人耳目一新。書中一再強調領導人必須腳踏實地，深知自己所處的大環境、認清真正問題所在，然後不畏衝突，勇敢面對。他輕視活在象牙塔內、只知內鬥，而不親訪客戶、向外尋求的管理階層。舉凡種種都與我向來的理念相合。我也曾因為高階管理團隊的成熟，而錯把輕忽執行當成必要的授權。等到發覺策略不能貫徹，才知即使授權仍然必須能夠掌握核心流程。

本書指出，執行的重心在於三項核心流程：人員流程、

策略流程、營運流程。更重要的是，這三種流程彼此應緊密連結，而非各唱各的調。作者更強調，人事流程的重要性尤優於策略與營運流程，因為，企業成功與否與能培育出多少「Ａ」級人才，並讓他們合作無間，有著密不可分的關係。最最要緊的是，企業領導人須全心投入此三項核心流程，不可假手他人。

也許有的領導人會忍不住大呼：「我的天啊！這不是要我事必躬親嗎？我的時間可是要用來擘劃高瞻遠矚的策略！」領導者不妨靜下心來自問：「有誰比我更了解企業的人員、營運、及企業所面臨的內外在環境？」

唯有領導人所居的位置才能對以上問題有全盤性的了解。也只有企業領導人能對各個組織提出一針見血的高難度問題，促使各項計畫不浮誇，植基於現實而執行，並於每個階段實現預定目標。

有心又有執行力，那還怕什麼？

書中第四章〈改變文化，讓公司動起來〉，更與趨勢科技這半年來全力推行的「登高峰計畫」（Paramount Project）息息相關。因為全球同仁中新舊各半，最初的創業團隊與後來延攬的專業經理人，在用人、用錢與做事的方法上都有很大的不同。趨勢內部史無前例地出現部門衝突、分工不合作的現

象，以致我們訂定的計畫與策略延宕不行。經過多次會議痛定思痛的自省檢討，我們終於同意最大的問題在於文化的不同，解決之道唯有加強再造、創造全體共識。登高峰計畫於焉產生。原掌行銷的怡蓁轉而全力推行文化再造，協同所有高階管理階層訂定公司願景、任務、策略執行目標、文化與核心價值觀，然後高階管理階層全部出動，親自周遊列國，從二○○二年十月八日開始，以德國慕尼黑為首站，緊接著到巴黎、斯德哥爾摩、倫敦、美國、亞洲、南美等各個國家，與每位員工面對面，暢談公司的願景、策略與文化、宣揚解釋這些觀念。獲得全體初步共識之後，再由中階管理階層繼續依據最高指導原則，與團隊一同定出年度目標與執行計畫。如此層層相連、直到個人年度工作目標與計畫皆與整體策略目標一致相合，個人的教育發展目標也符合公司長程發展的需要。這個執行過程必須環環相扣才能達到上下一心，並且還須訂定評估方式、時常檢討修正，然後年復一年、周而復始持續執行，這樣策略才能貫徹、願景才能實現。

正如作者包熙迪所說：「當你知道如何去完成你的絕妙點子，它才是一個good idea。」如果不讓全球各地員工了解、認同公司的經營理念及目標，那麼各自的努力很可能全盤浪費，最終引發公司營運危機。即使擁有再完美的執行力，若是不能與公司的願景、策略結合，依然不能帶領企業走向成功之路。

當企業願景、策略及文化獲得員工認同時，我很欣慰，也很驕傲地看到趨勢科技從上到下，個個熱情洋溢，專注踏實地工作著，他們是作者筆下所形容的，不只創造概念，更樂在將概念一一實現。

本書作者擁有扎實的製造業營運管理經驗，清楚地列舉高階經理人該如何貫徹執行力，一項項多有具體的說明，在重要觀念上也帶入實例，深入剖析，完整地將高階經理人的角色與工作做了最佳的詮釋。我個人謹以從事軟體行業、邁向知識經濟時代的體驗，提供另外三項領導人在執行策略時不可忽略的要點：

1. 確實掌握顧客內心需求。
2. 因應變局，掌握新的業績成長機會。
3. 不怕失敗，勇於嘗試。

我想若能依據本書的務實信條，再加上這三個要點，必然能夠突破現今的低迷、再創成長的高峰。我一直深信天下無難事、只怕有心人。如果有心又有執行力，那還怕什麼？願與大家共同勉勵。

前言
企業界最忽略的重要課題

　　包熙迪*：最近這些日子以來，我在漢威聯合（Honeywell International）的主要工作就是找回公司已經喪失的執行紀律。許多人會認為執行屬於細節事務的層次，不值得企業領導人費神。這個觀念絕對錯誤。相反的，執行是領導人最重要的工作。

　　我與執行紀律的結緣，始於一九九一年轉換到聯合訊號（AlliedSignal）擔任執行長之時。當時我已任職於奇異公司（General Electric）達三十四年之久，早就習慣於高執行力的工作環境，也認為員工達成既定目標是理所當然的事。所以初到聯合訊號時，情況令我十分震驚。當然我本已料到狀況不佳，卻未想到事態居然如此難以收拾。公司裡有許多聰明、努

---

* 本書作者包熙迪（Larry Bossidy）與夏藍（Ram Charan）會輪流以第一人稱闡述自己的觀點。包熙迪所談的內容，主要來自擔任奇異公司、聯合訊號以及漢威聯合高階主管的實務經驗。夏藍則以三十五年來為世界各地的企業主管與董事會提供諮詢的經驗，提出視野廣博的觀點。

力工作的員工，卻沒有績效可言，而且他們並未把完成工作列
為最優先的要務。

　　表面上看來，聯合訊號和奇異公司或其他大多數企業一
樣，都有三項基本的核心流程：包括人員流程、策略流程、營
運（預算）流程。不過和奇異不同的是，聯合訊號的工作流程
並未帶來成效。其實若能切實管理這些流程，應該可以獲得可
觀的成果。你必須針對一些關鍵問題尋求解答：我們的產品是
否有最適當的市場定位？制定計畫之後，該如何施行，才能在
成長與生產力方面取得特定成果？是否已有適當的人才負責執
行計畫？如果沒有，該如何補救？如何確定營運計畫有足夠的
配套方案，足以達成當初承諾的目標？

　　然而，在聯合訊號，人們根本不問這些問題。各項流程
僅是空洞的儀式，徒具形式而已。員工為這些流程花費了不少
心思，但幾乎完全發揮不了作用。舉例而言，策略計畫足足有
十五公分厚，裡面盡是與產品相關的資料，但是這些資料與策
略本身卻沒有什麼關聯。營運計畫更純粹是玩數字遊戲，甚少
提到與成長、市場、生產力、或品質相關的行動方案。員工待
在同一職位時間過久，而且許多工廠負責人的專業背景是會計
而不是生產。

　　聯合訊號的文化不具生產力，各工廠只知測量每人工時
成本，卻缺乏可以衡量整個公司實質生產力的指標。公司既不
重學習，又未對員工提供適當的教育，旗下各事業可以各自有

其商標，而不是在聯合訊號的招牌下通力合作。我聽到的解釋是：「我們旗下有化學、汽車、航太等事業，各有各的企業文化，彼此看不順眼。」我的回答是：「既然投資人買的股票只有一個名字，我們就得統一名稱。」

最根本的問題在於，這三項核心流程和企業日常的實際運作毫不相干，而且各自為政。其實，企業經營的真正工作應該是領導這些流程，也因此，領導者必須深信這些流程，並且積極地參與其中。可惜先前的執行長在這一點做得並不夠，反而將工作重心放在各項購併交易上。

我所帶領的新團隊，便是以嚴格及專注的精神在進行這些流程。到我退休時 —— 也就是一九九九年聯合訊號與漢威聯合合併後不久 —— 公司營業利潤率成長了三倍，幾乎到達15％；股東權益報酬率從10％上升到28％，股價則幾乎是原先的九倍。我們是如何辦到的？全靠創造了一套執行的紀律。

培養高執行力的工作環境十分困難，一旦瓦解卻易如反掌。我離開後不到兩年，公司景況就起了變化，由於營業績效達不到投資人的預期，股價再度下跌。和奇異公司的合併案流產後，漢威聯合的董事會請我回來，希望花一年時間讓公司重新步入正軌。

當然，進行合併談判時，難免造成人心惶惶，員工也會有不確定感，因此不少優秀人才打算另謀高就。原先的執行規範開始鬆動，面對核心流程的專注也逐漸減弱。如此一來，漢

威聯合很難做好任何事情。

舉例而言，在我退休前，公司正在研發一項渦輪發電機
的產品，我認為這將成為切入備用發電機市場的利器。對小型
商店如7-Eleven而言，是項十分理想的產品。重回公司後，我
發現這項產品在設計上出了問題 —— 對大部分客戶而言，它的
發電量不夠，而且只能以天然瓦斯為燃料，而沒有提供石油或
瓦斯的雙重選擇。銷售狀況十分淒慘，許多人寄望我能找出拯
救這項產品的方法 —— 畢竟我也曾是它的催生者之一。然而，
當我評估整體狀況之後，認為此事已無可挽救，最好還是把錢
投資到別的地方。於是這項產品正式停止生產。

在執行力良好的公司，員工不會任由這類錯誤發生，讓
自己成為受害者。如果漢威聯合的執行文化依然存在，那麼渦
輪發電機在設計上從一開始就應該功能完備，或者要能夠在反
應不佳後，及時補救而挽回市場。

在執行力良好的公司，員工在遇到企業環境改變時，也
不至於會手足無措。九一一悲劇發生後，漢威聯合二○○一年
的航太事業營運計畫必須重新擬定，我們在十天內就擬好了新
的計畫（編注：詳情請見第319頁）。大家盡全力估算出營業
上可能短收的數額，決定以減少支出來彌補。我們組成一個團
隊從事協調工作，並強力促銷所有安全防護產品，還為國防產
品的行銷人員重新打氣。

夏藍：沒有幾個大企業的領導人能在十天內，就為旗下的重要事業擬出一份新的營運計畫。大多數時候，我們只會看到很多的討論與會議，卻不見具體行動。這就是公司是否有執行力的區別所在。

太多企業領導人會自欺欺人，認定公司營運良好。他們就像凱勒（Garrison Keillor）《夢迴憂愁湖》（*Lake Wobegon Days*）一書中的學生家長們，全都認為自己的小孩出類拔萃。等到沃伯庚湖高中最優秀的畢業生進入明尼蘇達大學或普林斯頓等名校後，才驚覺自己僅是中人之資，甚至落於人後。同樣的道理，企業領導人只有在了解全世界知名公司 —— 如奇異公司或艾默生電氣（Emerson Electrics）—— 如何營運，亦即如何卓越地完成工作之後，才會領悟到，要讓自己領導的企業迎頭趕上世界標準，在執行方面還有多長的一段路要走。

從前的企業若想脫離執行不彰的情況，就是籲請投資人再多忍耐一段時間。最典型的藉口是：「目前企業的大環境不佳」，或者：「我們的策略需要一段時間之後才能看出成效」。然而，企業大環境永遠充滿挑戰，而且，營運成敗的衡量也不再以年為單位。有些企業甚至還弄不清楚自己碰到什麼情況，就已一炮而紅或喪失大半的市場占有率。舉例而言，嬌生公司（Johnson & Johnson）是動脈支架的先驅，這一產品是布滿網孔的小管子，可經由外科手術植入，用以撐開阻塞的動脈。然而，在一九九七年和一九九八年時，因為對手推出技術

更先進且價格更便宜的產品,讓嬌生公司七億美元的市場一下
就丟掉了95%。直到最近嬌生推出新一代的產品,在功能方面
令人耳目一新,才開始挽回頹勢。

目前,執行力的表現如何,每一季都會受到檢驗 —— 光
靠數字已不能蒙混過關。證券分析師會詳查企業的表現是否符
合原本設定的每季目標,一旦他們認為企業的表現未如預期而
調降公司評等,可能會使公司市值一夕之間就損失好幾十億美
元。

時至今日,企業競爭對手之間要分出高下,關鍵往往在
於執行力。如果對手在執行上遠勝於你,你的業績就會立刻受
到衝擊,金融市場可不會給你一段觀察期,看看你精心設計的
策略會不會奏效,所以,無法貫徹執行的企業領導人再也不能
推卸責任了。執行才是今日企業界所忽略的最重大問題。欠缺
執行力是阻擋企業成功的最大障礙,也是種種令人失望表現的
原因,雖然人們常會錯誤地歸咎於其他原因。

我曾經為大大小小企業的高階領導人擔任過顧問,時間
往往長達十年以上,因此我有機會觀察到這些公司長期以來的
變化,並親自參與其中。三十多年前我就察覺到,許多策略計
畫在實行後成效不彰,往往是執行方面出了問題。每當我參與
執行長或事業主管層次的會議時,都會仔細在一旁觀察研究,
結果我發覺大部分領導人都太過強調所謂的高層次策略,太注
重知識性、理論性的探討,而忽略了實際的執行層面。至於企

業員工則往往起初贊成某項計畫或方案,到最後卻淪為虎頭蛇尾。我這個人做事一向有始有終,所以每當計畫停滯不前時,我就會拿起電話,詢問負責的主管:「發生了什麼事?」長期下來,我觀察到相同的模式,從而領悟到關鍵問題在於執行。

以下就是基本問題所在:許多人認為執行屬於企業經營中的戰術層次,領導人只要授權下屬即可,而且這麼一來,領導人才會有時間去思考更「重大」的課題。這種看法完全錯誤。執行並非僅局限在戰術層面——它應該是一套紀律與一套系統。我們必須將執行深植於企業的策略、目標與文化當中。組織的領導人也必須深入參與其中,而不能只是將相關的工作授權給下屬。許多企業領導人花了很多時間在學習與倡導最先進的管理技巧,但是如果他對執行不了解、也不身體力行,那麼,他所學習或倡導的那一套便毫無價值可言。這種領導人可說是在建造空中樓閣。

■　■　■

▶ 看完本書,你會知道該如何執行

執行力不但是現今企業必須面對的最大課題,而且至今也還沒有人提出令人滿意的見解。它不像其他的企業課題,早已累積了相當大量的知識與著作。譬如說策略,有關策略的各

式理論充斥坊間，早就沒什麼知性的挑戰可言，只要找一家顧問公司，很容易就可以得到任何你所需要的策略。領導能力的培養？相關的書籍可說是汗牛充棟。創新？更是老生常談。此外，企業主管還可找到各式各樣協助他完成任務的工具與技巧 —— 無論是組織架構、獎勵制度、業務流程的規劃，或是制定升遷制度、指導企業文化變革等等。

我們認識的不少企業領導人因組織無法達成預定目標而深感困擾，他們常抱怨員工未盡到責任 —— 在執行計畫時不做好份內的工作。領導人亟欲找到改進的方法，然而該從何著手？他們不知道。

因此，我們認為這本書相當有必要。執行並不只是工作是否完成的問題，而是一組特定的行為與方法，企業唯有確實掌握執行之道，方能取得競爭優勢。執行本身是一種紀律。不論企業規模是大是小，執行都是成功的關鍵。

做為一個領導人，執行的觀念可以幫助你選擇更健全的策略。事實上，要制定有價值的策略，你必須同時確認組織是否有足夠的條件來執行任務，包括人力及資源的考量。在具有執行文化的企業中，領導人擬定的策略就像能綜覽全局的地圖，而不是厚厚的計畫書中被奉為聖旨的金科玉律。如此一來，就算有突發狀況，也能夠及時應變。要明白策略原本就是為執行而擬定出來的。

在執行的過程中，一切都會變得明確起來，你會更看清

楚產業界的全貌。執行也是因應變化或轉型的最好方法 —— 比企業文化或經營哲學都管用。以執行為導向的公司，應變能力會優於同業，因為它們更能切實掌控情況。

如果你的企業想要在不景氣時生存下去，或是因應環境的改變而大幅調整營運方向 —— 現今幾乎每家企業都無法避免這些狀況 —— 只要你的企業執行力良好，成功的機率將會大為提高。

領導企業擁有執行力，並不像火箭科學那麼艱深，而是十分簡單明瞭的。最重要的原則就是領導人必須深入且積極參與組織事務，並且誠實面對真相，不管對人或對己皆然。

不論你是大企業的執行長，還是首次擔任利潤中心的負責人，以上所說的都同樣適用。任何企業主管，不論公司大小或層級高低，都需嫻熟執行的紀律，這也是贏得領導威信的最佳途徑。看完本書後，你會知道該怎麼做，而有關執行方面的知識也會成為你的競爭優勢。如果能秉持這些原則在企業中身體力行，必能獲致更高的績效。

■　■　■

本書第一部包含第一、二章，其中闡述執行的紀律及重要性，以及如何讓你和競爭對手立判高下。第二部是由第三章到第五章組成，旨在說明執行力並不能憑空得來，必須先奠定

一些最基本的建構基石，而我所列出詳述的是其中最重要的三項：領導人應優先重視的個人修為、企業文化變革的社會軟體（social software），以及領導人最重要的工作 —— 挑選與考核員工。

第三部是第六章到第九章，談的是如何實踐。我們討論人員、策略與營運三項核心流程，除了指出提升流程效能的關鍵所在，也強調每一流程在實際運作時，都應注意與其他流程的銜接與整合。

第六章討論的是三項流程中最重要的一環，也就是人員流程。在這方面操作得宜，就可以儲備適當的領導人才，為公司規劃與研擬可付諸執行的策略，並將之轉換成各項營運方案，同時具體標明責任的歸屬。

第七章與第八章的內容是策略流程。我們會說明有效的策略規劃如何能協助你由天馬行空回歸到現實面：這一流程必須確認幾項關鍵要素，並測試是否可以執行，同時還要注意如何再銜接到人員流程上。如果所提出的策略與其思考邏輯，都能清楚地顯示出對市場、經濟環境，以及競爭對手的詳實了解，就表示企業的人員流程十分成功，任用適當的人做了適當的事。許多策略之所以出問題，不外乎過於抽象或空洞，再不然就是只停留在營運計畫的層次，根本稱不上策略。有時，問題會出在領導人的專長不符所需。舉例而言，某位領導人也許具備行銷或財務的長才，卻不一定具有良好的策略規劃能力。

第九章主要指出，除非能將策略落實為具體的行動，否則只會徒勞無功。從營運流程中，我們能透過幾項要素逐步建構出營運方案，將策略付諸實施。不論是策略計畫或是營運方案，都需要與人員流程相互銜接，如此才能驗證計畫是否與組織的能力相稱，並確認執行營運方案時需要動用的各項資源。

第一章

跨越策略與現實之間
的巨大鴻溝

某天傍晚，執行長坐在自己的辦公室裡，看起來精疲力竭。他正努力向一位訪客解釋他偉大的策略方案為什麼失敗，問題是他竟然找不出錯在哪裡。

　　他說：「我覺得很沮喪。一年前，我親自由各部門挑選人員組成工作團隊。我們到外地開過兩次會，執行了標竿學習，也做了矩陣管理，還聘請麥肯錫當顧問。每個人都贊同這項計畫。這的確是個好計畫，而且市場情況也不差。」

　　「我們的團隊在業界首屈一指，這點毫無疑問。我設定的是延展性目標（stretch goals），也充分授權，讓他們有自由發揮的空間。每個人都很清楚自己的任務。我們的獎懲制度相當明確，所以他們知道應得的賞罰。大家都全力以赴一起工作，怎麼可能會失敗呢？」

　　「可是現在已經到了年底，我們還沒有達成目標。他們沒有交出應有的成果，真是令我失望，過去三季我已經四次調降獲利預估。我們在華爾街信譽掃地，而我個人也喪失了董事會的信任。我不知道該怎麼做，也不知道未來的情況會壞到什麼地步。說實在的，我想董事會可能會要我走路。」

　　幾星期後，董事會真的請他走路了。

▶ 無人察覺的鴻溝

　　這個真實的故事勾勒出一條無人察覺的鴻溝，也頗能彰

顯現今企業所面臨之最大問題的普遍症狀。我們在與企業領導
人談話時，聽到過太多類似的案例。在每天的新聞報導中，不
乏一些看來應該會成功的公司卻遭遇失敗的案例，如美國安泰
（Aetna）、美國電話電報（AT&T）、英國航空（British Air-
ways）、康寶濃湯（Campbell Soup）、康柏（Compaq）、金
吉列（Gillette）、惠普（Hewlett-Packard）、柯達（Ko-
dak）、朗訊科技（Lucent Technologies）、摩托羅拉（Moto-
rola）、全錄（Xerox）等等。

　　這些都是優秀的公司，擁有卓越的執行長與幹練的員
工，前景似乎一片大好，還加上最佳的顧問助陣。然而，它們
以及其他許許多多的公司，卻一再無法達成原本承諾的目標。
這樣的訊息一旦公布，投資人會紛紛出脫持股，使公司市值大
幅縮水。這麼一來，不僅經理人和員工的士氣低落，董事會不
得不解聘執行長的情況也會愈來愈多。

　　上述所有各家公司的領導人，當初接受任命時都算得上
是聲望卓著，似乎也具備各項必要條件，然而他們最後都因未
能實踐承諾而丟了工作。僅在二○○○年這一年間，《財星》
（Fortune）五百大的前兩百家公司中，就有四十位執行長遭
到開除或被迫辭職。最具影響力的美國企業中，居然有高達兩
成的領導人丟了飯碗，這表示一定有什麼地方出了差錯。這樣
的趨勢延續到二○○一年，顯然二○○二年也未見扭轉。

　　在這些案例中，遭殃的不只是執行長本身，員工、合作

夥伴、股東，甚至顧客也都受到波及。雖然執行長應負起最終
的責任，但會發生問題，絕不僅是執行長一個人的缺失而已。

那麼原因何在呢？因為企業環境惡劣嗎？當然。無論經
濟狀況是好是壞，今日的競爭較以往更加激烈，變動速度之快
也屬空前，投資人也變得更加不留情 —— 在今日這批資深領導
人的事業剛起步時，一般投資人的態度還相當溫和。不過單就
這些因素，尚不足以解釋為何出現如此全面性的缺失與挫敗。
而且儘管環境惡劣，還是有些公司年復一年都能實踐承諾，如
奇異、威名百貨（Wal-Mart）、艾默生電氣（Emerson）、西
南航空（Southwest Airlines）、高露潔—棕櫚（Colgate-Palmo-
live）。

每當公司未能達成預訂目標，最常見的解釋就是執行長
的策略出了差錯。然而，策略失敗的原因大都是因為執行不
力，而不在於策略本身。如果無法完成該完成的事，不是組織
不具備應有的能力，就是企業領導人誤判公司所面對的企業環
境，或者兩者兼有。

康柏前執行長費佛（Eckhard Pfeiffer）有過一項功敗垂成
的策略。他眼光過人，率先看出所謂的Wintel架構 —— 將視窗
（Windows）作業系統與英特爾（Intel）持續創新的能力相結
合 —— 具有大小通吃的潛力，服務範圍小至掌上型電腦，大到
功能可媲美大型電腦的伺服器連結網絡。

費佛因而仿效IBM，將業務擴大到能滿足企業客戶在電腦

方面的所有需求。他不但買下大型高速電腦製造商天騰（Tandem），也買下迪吉多（Digital Equipment Company），以求在服務業部門占一席之地。費佛以霹靂的速度推展他大膽的策略觀點，使得康柏在六年間改頭換面，由日漸式微的高價商用個人電腦製造商，轉型為第二大電腦公司（僅次於IBM）。在一九九八年時，康柏大有成為業界盟主之勢。

然而今天看來，這項策略只不過像一場春夢。以康柏的執行能力根本不足以整合各項購併案，並達成預定的目標。由更根本的層面著眼，當個人電腦已經愈來愈接近一般商品時，費佛與其繼任者卡培拉斯（Michael Capellas）卻都未找到能夠在這種背景下獲利的執行方式。

▶ 戴爾以執行力取勝

戴爾（Michael Dell）則對這種執行極為內行。他所運用的直接銷售與接單生產方式，並非僅是跳過經銷商的一種行銷手法，而是企業策略的核心所在。雖然康柏的員工數與規模超出戴爾甚多，但戴爾多年前的市值就已超前，關鍵就在於執行力，而這也正是戴爾於二〇〇一年取代康柏，成為全球最大個人電腦製造商的原因所在。二〇〇一年十一月，戴爾又誓言要將市占率提高一倍，由20％增為40％。

任何採行直接銷售的公司都有特定的優勢：能控制價

格、沒有經銷商瓜分利潤、銷售人員對產品高度投入。不過這並非戴爾的專利，像捷威（Gateway）也是採取直接銷售，但它近期的表現卻不比戴爾的其他對手來得好。戴爾眼光獨到之處在於：接單生產、優異的執行能力，再加上盯緊成本，就讓他立於不敗之地。

以傳統大量生產的製造業而言，大都是以預估未來數月的需求來設定生產數量。如果像一般電腦廠商那樣，各項零組件均交由外包，本身只負責組裝，便需要告知零組件供應商自己預估的數量，並議定價格。如果銷售情況不如預期，大家手上都會堆積著銷不出去的存貨；如果銷售情況超乎預期，又得手忙腳亂地應付市場需求。

接單生產與這種做法大異其趣之處在於，工廠是在接獲客戶訂單後才開始生產。與戴爾配合的零組件供應商也是採接單生產，在戴爾的客戶下了訂單之後，再開始生產。等供應商交貨後，戴爾立即開始組裝，並在裝箱完畢數小時之內就運送出去。這套系統能壓縮接到訂單至出貨的整個流程時間，因此戴爾能夠在接到訂單的一週、甚至更短的時間內就將電腦交貨。這套系統讓自己與供應商的存貨都減到最少；和對手的客戶相比，戴爾的客戶更能及時享有最先進的產品。

接單生產能改善存貨週轉率，因而可以提升資產流動速率（asset velocity），即銷售額與企業淨資產的比率（所謂淨資產，最普遍的定義包括廠商與設備、存貨、應收帳款減應付

帳款）。這一比率是企業獲利的要素，卻往往被人忽略。提高資產流動速率可提升生產力，降低流動資本（working capital），亦可改善有如企業血液一般的現金流量，並提高獲利率、營收與市占率。

存貨週轉率對個人電腦廠商尤為重要，因為存貨在其淨資產中占有最高比例。如果銷貨低於預期水準，像康柏這種採傳統方式大量生產的製造商就會囤積大量的滯銷存貨。再者，微處理器等電腦組件功能日新月異，汰舊換新特別快速，而且價格不斷下降。因此，個人電腦廠商只能由帳面上打消滯銷或過時的存貨，這就可能讓他們接近無利可圖的邊緣。

戴爾每年的存貨週轉率可達八十次，而競爭者只有十到二十次，而且戴爾的流動資本為負值，因此能創造驚人的現金流量。二○○一會計年度的第四季，戴爾的營收為81億美元，營業利潤率7.4％，而來自營業的現金流量為10億美元。二○○一會計年度的投入資本報酬率為355％──以其銷貨量來看是相當驚人的水準。高資產流動速率使它能領先競爭對手，讓客戶享有最先進的科技產品，公司也能因零組件降價而得益──提高獲利率或降低產品價格。

在個人電腦業成長趨緩後，戴爾之所以能令競爭對手沒有還手之力，以上所述正是主要原因。戴爾在這些廠商陷於困境時，利用削價擴大市占率，進一步拉大與其他業者的差距。由於資產速率高，即使獲利率衰退，戴爾仍能維持高資本報酬

率與正現金流量，令對手望塵莫及。

這套系統所以能成功，完全是由於戴爾在每一階段都能一絲不苟地切實執行。透過供應商與製造商之間的電子聯繫，創造出一個合作無間的延伸企業（extended enterprise）。某位曾擔任戴爾製造主管的人士便稱讚戴爾的系統為「我所見過最佳的製造作業」。

本書付梓之時，二○○一年年中即已提出的康柏與惠普合併案尚未塵埃落定。不過無論合併與否，除非能找出同樣或更佳的接單生產模式，否則可以斷言它們仍無法與戴爾競爭。

許多公司都有前面所提過的長期表現不佳的問題，還有數不清的公司因為執行不力而未能發揮實力。承諾與成果之間的鴻溝清楚可見，但是有一道鴻溝卻尚無人察覺，那就是「公司領導人所期望達成的目標」與「組織達成目標的能力」之間的落差。

現在人人都在談變革。近年來，有一小批人倡言什麼革命、再發明、量子變革（quantum change）、突破性思考、大膽的目標、學習型組織（learning organizations）等等。我們無須在此揭穿這類說法的原形，不過再怎麼偉大的想法，若不能轉換為具體的行動步驟，就等於毫無意義可言。少了執行，突破性思考沒有用，學習不會帶來價值，員工無法達成延展性目標，革命也會半途而廢。這樣的改變反而使情況惡化，因為隨之而來的失敗會虛耗組織的能量。一而再、再而三的失敗，終

> 少了執行，突破性思考沒有用，學習不會帶來價值，
> 員工無法達成延展性目標，革命也會半途而廢。

將摧毀組織。

最近我們開始由企業領導人口中聽到比較務實的說法，例如他們只說要讓自己的組織「更上層樓」，不再那麼好高騖遠。奇異公司的執行長伊梅特（Jeff Immelt）就曾詢問員工，該如何運用現代科技找出讓組織提升層次的方法，並且爭取更好的價格、利潤與營收成長。

這正是一種以執行為導向的變革，並且以事實為依據 —— 員工可以預想並討論有待進行的具體事項，也體認到唯有靠執行才能帶來有意義的變革。

除非所有主管都能在每一個階段上維護執行的紀律，否則公司不可能實踐承諾，也難以因應變革而調適良好。執行必須成為公司策略與目標的一部分，而不再是期望與成果之間失落的環節。因此，執行是企業領導人重要 —— 事實上，應該是最重要 —— 的工作。如果不知道如何執行，領導人的努力註定會事倍功半。

▶ 執行力成為顯學

現在，企業領導人開始注意到執行與經營成果間的關聯。康柏的董事會在開革前執行長費佛後，董事長兼創辦人羅森（Ben Rosen）指出，公司策略並沒有問題，改革應該是在「執行方面……我們的計畫是加速決策過程，讓公司更有效

率。」朗訊的董事會在二〇〇〇年十月解聘前執行長麥克金（Richard McGinn），他的繼任者夏克特（Henry Schacht）說：「我們的課題在於執行與專注。」

以高階職位為對象的獵人頭公司，現在常會接到客戶這樣的電話：「幫我找個能夠執行的人。」葛斯特納（Louis V. Gerstner）在二〇〇〇年的IBM年報中曾如此形容他的繼任者帕米沙諾（Samuel Palmisano）：「他真正擅長的，乃是確保我們能切實執行。」美國全國董事協會（National Association of Corporate Directors）對主管在評量本身績效時應注重的項目有一份清單，其中「執行」一項於二〇〇一年初增列進去。該協會認為，指導者必須自問公司的執行情況如何，同時應檢討預期目標與管理階層績效間的落差。他們發現，現在會這樣自我檢討的董事會相當罕見。

儘管對執行有這麼多的談論，卻幾乎沒人知道它究竟是什麼。當我們教導與執行相關的課題時，常會要求對方先就此下個定義。他們一開始都認為這並不難，而且起初也的確講得頭頭是道。他們會說：「執行就是把事情做完」、「執行是有關於公司的經營，與構想或規劃是相對的。執行是去實踐我們的目標。」不過等我們問起「如何」把事情做完時，這場對話很快就無以為繼。無論教授的對象是學生或高階主管，我們都很快地發現 —— 他們自己也心知肚明 —— 他們對執行的意義究竟為何，可以說是毫無概念。

執行力讓三大核心流程環環相扣

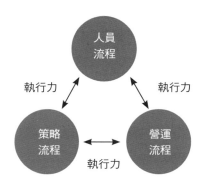

　　一般的書本或報章雜誌在提及執行時，情況也好不到哪裡。讀者只會得到模糊的印象，執行好像是指做事更有效、更仔細、更注意細節，從來沒人能說清楚其中的真正意涵。

　　即使有些人指出執行不力是招致失敗的原因，但往往也只是認為執行就是注意細節而已。例如，之前提到的康柏創辦人羅森就對公司的狀況有正確的評論，但是就算他本人知道怎麼做才能切實執行，康柏的領導階層卻顯然一直未能理解個中真義。

　　要了解執行的意義，必須謹記三項關鍵要點：

　　1. 執行是一種紀律，是策略不可分割的一環。

　　2. 執行是企業領導人首要的工作。

　　3. 執行必須成為組織文化的核心成分。

執行是一種紀律，是策略不可分割的一環

一般人認為執行不過是屬於企業的戰術層面，這可是大錯特錯。戰術雖是執行的核心，卻不等於執行。執行乃是策略的根本，也必須是形成策略的依據。因為未先衡量組織的執行力，就不可能規劃出像樣的策略。如果你談的是把事情做完這類的細節性問題，可以冠上諸如實施流程、落實細節等任何名稱，但可千萬別把執行與戰術混為一談。

執行是一套系統化流程，嚴謹地探討「如何」與「是什麼」、提出質疑、不厭其煩地追蹤進度、確保權責分明。流程中包含對企業環境提出假設、評估組織能力、把策略、營運以及預定執行策略的人員連結起來，讓這些人員能和各項執行紀律同步運作，並將報酬與成效連結在一起。此外，執行流程中還包含能隨環境變遷而更動基本假設的機制，以及提升企業實力的機制，讓企業有能力因應更具挑戰性的策略。

究其本質，執行就是以有系統的方式，讓自己能一直認清現實狀況並據以採取行動。接下來我們會看到，大多數公司欠缺執行力的基本原因，在於不能好好面對現實。有不少著作談到奇異公司前執行長威爾許的管理風格——尤其是他的強悍與直率。某些人或許會稱之為不留情面，我們卻認為，他在管理上所留下最寶貴的傳承，便是強力將務實精神納入奇異所有的管理流程中，使其成為執行文化的典範。

> 執行是一套系統化流程，嚴謹地探討「如何」與「是什麼」、提出質疑、不厭其煩地追蹤進度、確保權責分明。

何謂執行力？

1. 執行是一種紀律，是策略不可分割的一環

執行是一套系統化的流程，嚴謹地探討「如何」與「是什麼」，提出質疑，不厭其煩地追蹤進度，並確保權責分明。

2. 執行是企業領導人首要的工作

領導人必須對企業的營運、人員與環境有完整的了解；也唯有透過領導人親自深入參與執行的實質面，甚至某些細節，才可能讓執行力展現出來。

3. 執行必須成為組織文化的核心成分

除了領導人必須親自參與執行的工作之外，組織中每個人也必須了解並執行例行的紀律。

　　執行的重心在於三項核心流程：人員流程、策略流程、營運流程。雖然形式未必一致，但每家企業都會用到這些流程。不過常看到的是：三項流程之間各行其是，沒有什麼關聯；相關負責人視之為例行公事，只希望盡快執行完畢，好回去做正事；執行長與高階領導團隊對於人員、策略與營運相關計畫的評估，每年所花費的時間通常不超過半天，而且過程也不甚熱烈，大家只是靜靜地坐著，看著以PowerPoint所做的報告，根本不提出問題。

　　過程中缺乏討論，所以得不到太多有用的結果。會議結束時，離席的人員對他們參與設計的行動方案沒有投入感。失

敗的結果可說是註定的。你必須透過有活力的對話，才能讓企業的現實面浮現出來；你必須讓大家為結果負責 —— 讓所有相關人員公開討論並取得共識 —— 才能完成任務，並且獎賞表現最佳者；你必須追蹤進度，才能確保計畫不致脫軌。

公司所要執行的重要事項，必須在這些過程中決定，執行力良好的公司對此莫不採取嚴謹、認真而深入的態度。什麼人該做哪項工作，該如何考核與管理？策略的執行需要哪些人力、技術、生產和財務資源？兩年後，當策略邁入下一階段時，組織是否仍具備上述各項資源？策略是否能使獲利達到應有的水準？策略可否分割為較易推動的幾個方案？參與流程的相關人員會就這些問題爭辯，努力發掘真實情況，並達成具體務實的結論。每個人都明白自己有責任完成工作，同時也承諾要負起這樣的責任。

這三種流程彼此緊密連結，而不是由員工各行其是。策略流程會將人員與營運現實納入考量；人員的挑選與升遷會參考策略與營運計畫；營運流程則會與策略目標以及人力水準相互扣合。

最要緊的是，企業領導人及其領導團隊要能深度投入這三項流程，因為他們才是這些流程的負責人，而不是策略規劃師、人力資源部門或財務幕僚等。

> 唯有當領導人的心思與靈魂和公司融為一體時，這家
> 公司才會具有執行力。

執行是企業領導人首要的工作

　　許多企業領導人都會認為，居高位者不必操心實際經營面的細節事務。在這種觀點下，領導可說是相當愉快的事：你高高站在山頂，思索策略性問題，並且以種種美好願景來激勵屬下，至於一些麻煩的事就交由經理人去處理。這種想法自然會激起大家有為者亦若是的心理，畢竟誰不希望能盡享所有的樂趣與光榮，又不必弄髒自己的雙手？相反地，如今「經理人」幾乎已經成為受人輕視的稱呼，又有誰樂於在雞尾酒會上告訴別人：「我的目標是當個經理」？

　　這樣的思考方式實屬偏差，而且造成重大的損害。

　　唯有當領導人的心思與靈魂和公司融為一體時，這家公司才會具有執行力。雖然做大方向的思考、能同時應付投資人及政治人物等，都是領導工作的一部分，但領導工作卻不僅止於此。領導人必須親自且深入地投身企業之中。要執行成功，必須對企業的營運、人員與環境有完整的了解；唯有領導人所在的位置才能達到這樣的了解；而且也唯有透過領導人親自深入參與執行的實質面、甚至某些細節，才可能讓執行力展現出來。

　　領導人要做好執行的工作，必須管理三項核心流程：挑選各級主管、設定策略方向、主導營運。這些行動乃是執行的要義所在，因此不論組織規模大小，領導人都不應授權他人處

理。

　試想一下，如果球隊的教練把所有的時間都花在辦公室裡，忙著洽談新球員加入事宜，而將真正的教練工作授權給助理，那麼球隊的情況會如何？一位稱職的教練必須隨時觀察球員在球場上的個別表現與團隊合作精神，甚至是他們在更衣室內的情形，如此才能深入地了解球員及其真正實力，也才能將自己的經驗、智慧與專業看法直接傳授給他們。

　企業領導人亦復如此。只有領導人，才提得出每個人都必須回答的高難度問題，而且相互討論並做出正確抉擇的過程，也要靠領導人主持。唯有密切參與的領導人，才可能對公司狀況有深入的了解，具備宏觀的看法，提出一針見血的問題。

　也唯有領導人，才能設定組織內對話的基調。對話乃是企業文化的核心，也是工作的基本單位。人員之間彼此交談的情況如何，絕對會影響組織運作的良窳。對話氣氛是否矯揉浮誇、政治化、支離破碎，乃至閃爍其詞？還是坦率誠懇、就事論事，提出適當的問題並相互討論，而後找出可行的解決之道？如果是前者 —— 這種情形在許多公司屢見不鮮 —— 事實永遠不會浮現出來。如果是後者，領導人必須和管理團隊一同站到球場上，認真持續地維持這樣的作風。

　簡言之，領導人必須經營好三項核心流程，同時以全心全力投入其中。

　　包熙迪：當我任命一位新的經理人時，我會請他到辦公室來討論三項課題。首先，他的行為必須能符合最高的誠實標準，這一點毫無妥協餘地 —— 只要一有違反，必須立刻離職。其次，他必須知道顧客至上的道理。最後，我會說：「你必須了解人員、策略與營運這三項流程，而且必須管理這三項流程。你所投注的精力與關心愈多，對公司的貢獻就愈大。如果你不了解這點，就不可能在這裡成功。」

　　認真從事這三項流程的公司，其表現明顯優於那些只是敷衍了事的公司。如果你的公司不夠認真，就不可能從中得到應有的收穫，只是徒然浪費不少時間和精神。

　　例如，每個領導人都喜歡說，人才是企業成功與否的最重要因素，但是他們卻又常假手人力資源部門來進行人員評鑑或獎勵，並對他們所做的評估建議照案核准。有太多主管規避以集體方式公開討論人事問題，這實在不是領導人應有的作風。只有本部門的主管才最了解員工的表現，並且做出正確的評價，因為正確的判斷乃是來自於實際的接觸與經驗。

　　當公司運作順利時，我會花20％的時間在人員流程上；在組織進行重整時，這個比重會提高到40％。在此所談的並非面試應徵者或挑選員工，而是真正去了解員工。我到工廠視察時，會先花半個鐘頭和經理人坐下來談，討論他手下員工的能力，看看誰的表現優異，誰又需要協助。接下來，我會和全體

員工開會，傾聽他們的發言。會後，我會坐下來談談我對全體員工的觀感，並且寫一封正式信函，確認會議中達成的協議事項。我評鑑員工的表現，不只限於公司的正式考核，而是每年會有二到三次。

當我們在聯合訊號（AlliedSignal）實施這些流程時，有位仁兄在開會時對我說：「你看看，我今年又得把這套人員流程再行禮如儀一次。」我回答他：「這是我聽過最蠢的話，因為這等於告訴全世界，你對自己的工作有多麼無知。如果你真是這麼想，最好去做別的工作，因為你不可能在這裡有好成績，也不可能成功。」還有句話我沒有公開說出來，只在心裡想：這或許表示我用錯了人。

還好他日後不再有類似的言論。我倒不認為他真的開始喜歡人員流程，但至少他去做了，也有了一些收穫。他必須了解自己的員工，並且讓他們變得更優秀。

■　■　■

不少領導人在聽到我們提及領導人必須親自參與三項核心流程時，他們的反應是：「你這是要我事必躬親，我才不幹。」或是：「這可不是我的風格，我會放手給員工發揮。」

我們完全同意事必躬親式管理並不足取，它會削弱員工的自信，扼殺他們的創意，讓他們喪失獨立思考的能力。這種

> 親自領導執行的工作並非事必躬親，或是專斷獨裁，不肯授權，而是一種主動的投入，進行領導人原本就該做的事。

管理風格不容易把事情做好 —— 事必躬親的管理者對於該做的事，往往不如真正負責的屬下那麼清楚。

不過，真正領導一個組織，絕對不同於只是待在領導的職位上。那些誇耀自己能放手或相信授權做法的領導人，並不觸碰企業日常的課題。他們既不去面對績效欠佳的員工，也不去發現問題並尋求解決。他們只是待在領導的位子上，這等於只做了一半的工作。

親自領導執行的工作並非事必躬親，或是專斷獨裁，不肯授權，而是一種主動的投入，進行領導人原本就該做的事。在稍後的章節中，你會看到善於執行的領導人將自身融入執行的實質面、甚至關鍵的細節中。他們會運用本身對企業的了解，不斷探索與質疑，找出企業的弱點，然後再集員工之力共同改善。

有執行力的領導人會建立起一個執行的架構，營造出有利於執行的文化與流程，獎勵並擢升能迅速完成工作的員工。至於領導人對此一架構的參與，則表現在任務的分派與後續追蹤上。也就是說，領導人必須確定員工真的了解事情的先後順序為何，要做到這點，領導人必須對公司有透徹的了解，並且能提出犀利的問題。通常，善於執行的領導人甚至無須告知員工該做什麼；他只需提出問題，讓員工去思索自己該做些什麼。透過這樣的方式來指導員工，領導人不但能傳授自身的經驗，還能教育員工跳脫過去習慣的思考方式。在這種領導風格

下，不但不會壓抑員工，反而可以協助他們拓展本身的領導長才。

　　無論是威爾許領導下的奇異公司，華頓（Sam Walton）領導下的威名百貨，還是克列赫（Herb Kelleher）領導下的西南航空，公司內部都可以強烈感受到這些領導人無所不在。幾乎每位員工都認識他們，了解他們的主張，也知道他們對員工有何期望。這是由於他們強勢的人格特質嗎？沒錯，不過單有強勢人格特質並沒有用處。日光（Sunbeam）的鄧洛普（Dunlap）因大刀闊斧削減成本而名聲大噪，他也同樣具備強勢人格特質，但原本寄望經由他而起死回生的公司，卻毀在他的手中。

　　威爾許、華頓與克列赫是優秀的溝通者嗎？答案同樣是肯定的，不過這裡還是一樣有但書：溝通所發揮的效用可能會截然不同。重要的是溝通的實質以及溝通者的特質 ── 包括傾聽與談話的能力。也許這些人是採行了「走動式管理」（management by walking around），才成為優秀的領導人。我們都看過一些報導，描述克列赫或華頓如何突如其來地出現在作業現場，與行李輸送或倉儲人員交談。走動式管理誠然有用也很重要 ── 但前提是到處走動的領導人要知道該說些什麼，該聽些什麼。

　　這類領導人之所以能在公司內無所不在而且深具影響力，乃是因為「他們就是企業本身」。他們密切留意員工與營

運方面的狀況，了解事實，並且不避諱討論實情，這樣自然能凝聚向心力。他們對細節知之甚詳，對從事的工作興致高昂，同時熱切期盼取得成果。這些領導人不是靠諄諄告誡或公開喊話來激勵員工，而是以身作則，讓人人都同樣充滿活力。

威爾許在奇異擔任執行長二十年，在最後一年任期中，他每週會花十小時來審核公司各單位的營運計畫，同時也密切參與員工之間的對話。即使在事業生涯的最後時刻，威爾許還是不尸位素餐，以主動參與的方式來領導公司。

執行必須成為組織文化的核心成分

談到這裡我們應該了解，執行絕非任何信手拈來，立即可以在組織中推動的計畫。如果領導人說：「好，現在為了變革，我們要徹底執行」，那充其量只是實施另一個曇花一現的方案，不可能有持久的力量。除了領導人必須親自參與執行的工作之外，組織中每一個人也都必須了解並力行執行的紀律。

執行必須納入薪資系統以及員工行為準則之中。我們在第四章會談到，專注於執行不僅是企業文化的重要部分，也是個可靠的方式，以創造出有意義的文化變遷。

做好執行的方法之一，可以六標準差流程（six sigma processes）為借鏡，持續不斷地進行改善。實施這套方法時，員工必須注意超過可容忍誤差以外的狀況，然後迅速改善問題。

> 執行必須成為組織文化的一部分，驅策各階層所有主
> 管的行為。

利用這個流程，可以不斷提升標準值，以改善品質與產量。如果再透過各單位通力合作，改善流程在整個組織內運作的情況，如此不但可以力求務實，尚能透過流程持續進行改善，這不僅是行為上的重大變革 —— 事實上也改變了企業文化。

善於執行的領導人會留意找尋偏離管理可容忍範圍的情況，也就是理想與實際結果的落差，無論是獲利率或人員擢升等所有事項均可適用。接下來他們會設法消弭落差，同時全面提高整個組織的標準。和六標準差一樣，執行的紀律要能發揮功效，有賴員工都受過相關訓練，同時毫不間斷地實行。如果只靠系統內的少數人去做，是不可能成功的。執行必須成為組織文化的一部分，驅策各階層所有主管的行為。

執行應由高階主管開始，不過即使你並非高階主管，還是可以在自己的組織內施行。這樣做可以累積並展現你的技能，幫助你在事業上更上層樓，同時，如此一來當可說服企業內其他人起而效尤。

▶ 執行為何不受重視？

如果執行那麼重要，為什麼會如此為人忽視？其實企業界並未完全遺忘此事，只不過，往往要在執行力欠缺時，人們才會感受良多。當決策無法貫徹、進度未能切實追蹤，或承諾未能實現時，人們內心深深地了解有某種東西欠缺了。人們千

方百計地尋求答案，不僅調查那些能夠達成經營目標的公司是
如何做到的，還在公司的結構、流程或文化中找尋解答。然
而，人們罕能領悟個中原由，這是因為執行尚未成為一門廣為
人知或普遍傳授的學問。人們根本不知道自己尋找的究竟是什
麼。

真正的問題出在「執行」。這個詞彙聽起來平凡無奇，
就像是領導人授權給下面的人處理事務一般。人們不禁會問，
難道偉大的執行長或諾貝爾獎得主是透過執行而獲得光榮成就
的嗎？事實上，的確如此，而由此我們可看到一個極大的認知
謬誤。

一般人以為人光靠聰明才智就可以有很好的成就，這種
想法其實只對了一半，因為人們大都忽略了：所謂的聰明才
智，在發展並驗證某種想法時，還是不能缺少嚴謹不懈的努
力。或許這是所謂電視世代教養方式下的後果，誤導大家產生
不切實際的幻覺，以為任何構想都可以立即開花結果。

聰明才智會面對各式各樣的挑戰：構思宏偉的觀念或廣
闊的藍圖常是直覺性的；而將廣闊的藍圖化為一組可執行的行
動，則屬分析性質，在這個過程中，會面臨知性、感性乃至創
意上的重大挑戰。

諾貝爾獎得主的成功，是由於他們能精確地執行某項證
明的所有細節，並讓他人可重做、驗證或應用此項證明。他們
透過測試，發現別人未曾看到的模式、關聯與連結。愛因斯坦

花了十年以上的工夫，導出一套詳細的證明來解釋相對論。這就是執行——數學運算中的詳盡證明步驟。定理要經過證明，才站得住腳。愛因斯坦不可能將執行的工作授權他人，因為其他人根本沒有這樣的聰明才智。

執行所需要的聰明才智是指透過持續性、建設性的鑽研，以深入問題的核心。假設某一部門的經理在市場展望持平的情況下，規劃下一年度的銷售額有8％的成長。大多數主管在審核預算時，會不經討論就接受這個數字。但在有執行力的公司，領導人在審核時會注意目標是否符合實際。他會詢問這位經理：「你的目標不錯，可是增加的銷售要從哪裡來？有什麼產品可以對成長有貢獻？誰會來買，我們又該如何吸引這些客戶？我們的競爭者會有什麼反應？我們該設定怎樣的階段性目標？」如果第一季結束時未能達成階段性目標，便代表黃燈亮起：有些狀況可能不符合預期，必須做些變更。

如果領導人對組織本身的執行能力有所疑慮，他可能會更深入追問：「負責執行的人是否適當？是否權責分明？需要哪些人配合？又該如何鼓勵他們願意去配合？現有的薪資制度是否能激勵他們為共同的目標努力？」換言之，領導人並不是只在計畫上簽字認可而已，還希望聽到解釋，而且會不斷追問下去，直到答案完全清楚為止。透過領導技巧的發揮，他能令在場所有人都投入對話中，讓每個人都有機會公開表達觀點，同時共同評估計畫是否需要修正。這種場合不但讓經理人有機

會向他們的領導人學習，領導人也可以向經理人學習，同時也將相關知識傳遞給所有參與計畫的人。

假如討論的課題是如何提高生產力，那麼還有更多的問題要問：「我們的預算中列有五個方案，而且你說每一個方案，都至少可以替公司節省好幾百萬元。這些方案究竟是什麼？從什麼地方省到錢？預定進度如何？要達成目標必須花多少經費？誰又是整件事的負責人？」

■ ■ ■

組織要能執行，必須諸事俱全：有適當的人員，能個別或協力在正確的時間專注於正確的細節。對領導人而言，由概念到發展出關鍵性的細節乃是一條漫漫長路。你必須檢視一大堆龐雜的事實與想法，其中錯綜複雜的交互關聯，更可能大到難以估量的地步；你必須經由討論決定該承擔何種風險，由哪個單位來承擔；你必須細心琢磨各項細節，挑出值得注意的部分；然後你必須將這些事項分派給負責的人，並確保他們能配合其中的關鍵部分，落實在日常的工作中。

這樣的決策有賴對企業本身以及外在環境具有充分的知識，也有賴知人之明，了解員工的能力、可靠性、優缺點。同時不可或缺的還有高度的專注與敏銳的思考，以及進行坦誠且務實之對話的高超技巧。這項工作對人們聰明才智的挑戰，可

想而知。

　　領導工作若是缺少執行的環節，就稱不上有始有終，效力也會打折扣，其他各項領導特質也會淪為空話。在第二章，我們會透過四家企業及其領導人的故事，來說明為何執行會成為成敗勝負的關鍵所在。

第二章

甩開競爭對手
的關鍵

　　每個偉大的領導人對執行都具有天生本能，他們常會
說：「除非我能實現這個計畫，否則它一點意義也沒有」這類
的話。然而，一般對領導人的挑選、培訓、發展，卻未重視此
一事實。根據我們的觀察，晉升至企業頂端位置的人，有相當
大的比例是以高層次思想家著稱，這也成為他們個人的「品
牌」。這種人會對每個偉大的新構想產生知性上的喜悅，並且
興致勃勃地採行。他們是高明的概念建構者，擅長理解與解釋
策略，他們也知道這是自己再上一層樓的本錢。他們對「如
何」把事情做完，並不感興趣，那是別人該傷腦筋的事。

　　對負責雇用與升遷的人員來說，判定個人的智力高低並
非難事；但要由他的過往紀錄研判此人在執行上的技巧高低則
困難得多；如果相關績效是由眾人共同締造的，則難度就更為
提高。高明的概念建構者不見得知道該如何執行，而且有不少
這類人不曉得該怎樣將願景化為各項具體的任務，因為他們的
高層次思考範圍太過廣泛。他們不會貫徹到底，有始有終，細
節的事務讓他們感到不耐。他們不會將思考化為具體的細節，
或預見可能出現的阻礙。由於他們沒有參與實際的工作，所以
他們也不知道該如何由組織內挑選有執行力的人員，這種知人
之明是需要由經驗中累積的。

▶ 執行長的苦惱

我們在前一章提過一位諸事不順的執行長，在此姑且稱之為喬伊，他可以說是典型拙於執行的領導者。接下來我們要深入探討他的問題，另外還要談談兩位知名執行長的故事，他們的公司都未能將領導人偉大的願景付諸執行。

你還記得，喬伊不了解為何他的員工無法獲致預期的成果。他聘請一家頂級顧問公司設計新策略，進行了幾宗購併案，並與華爾街保持良好關係。由於他在交易上的長才與進行購併行動，公司股票的本益比在不到兩年內大幅上升。喬伊長於行銷與客戶關係，和財務長之間也維持良好而親近的關係。他設定延展性目標，由財務長將數字交代給負責營運的人員。喬伊不採取事必躬親式管理，他會將細節交由直屬部下來執行，包括北美事業部執行副總與生產總監在內。不過，喬伊會監控每季的營運數字，只要未達成目標，他就立刻打電話給負責的人，以最嚴厲的語氣要求他們改善。這種每季評估可是毫不留情的。

根據傳統管理的分析標準，喬伊該做的事都做了；但根據執行的標準來看，他幾乎一無是處。目標與成果之間出現鴻溝，反映喬伊的雄心與組織的現實間存有斷層。事實上，他所設定的目標打從一開始就不切實際。

其中一個嚴重的問題是，公司的工廠根本無法生產足夠

> 雖然當手下的主管未能達成目標數字時，他會不斷嘮
> 叨他們，可是他卻從不追問原因出在哪裡。

的產品，因為某位經理人主導的流程改善計畫進度落後了十二個月，喬伊卻對此毫無所悉。雖然當手下的主管未能達成目標數字時，他會不斷嘮叨，卻從不追問原因出在哪裡。善於執行的領導人會立即對此提出質問，然後把焦點放到原因上 —— 畢竟，單看結果的數字解決不了問題。此外，他還會問：流程的實施是否符合進度？執行副總與生產總監是否了解問題何在，又計劃採取什麼對策？

喬伊和不少執行長的想法一樣，認為提出上面那些問題是生產總監的職責，至於執行副總的職責，是要確認這些問題確實有人提出。不過，和許多執行長一樣，喬伊並沒有做到知人善任，因為這兩位主管對執行同樣不內行。由執行副總過去的經歷來看，他幾乎每三年就跳到一個新職位，沒有機會好好待在一個地方。至於生產總監則來自一家顧問公司，是一位相當聰明的財務人才，也被公認是五年後繼任執行長的熱門人選。問題是他對經營一竅不通，為人也不厚道，手下的工廠經理都不服他。

如果這些主管能和製造部門人員進行公開討論，或許便能發現生產上的瓶頸何在，可惜他們並沒有這麼做，只不過把一些目標數字交代下去。再者，雖然延展性目標有助於員工打破成規，把事情做得更好，但如果目標完全不切實際，或是相關人員在制定目標前沒有機會參與討論並產生共鳴，情況反而會更糟。

如果喬伊具有執行的知識，他的行為會有什麼不同？首先，他會讓所有要為策略計畫成果負責的人員——包括重要的生產部門員工——參與計畫的規劃過程。他們會根據組織本身的能力來設定目標，包括挑選適當的人做適當的事。如果執行副總不諳執行，喬伊必須盡早指導他該做些什麼，並協助他學習如何執行。如果他還是沒有進步，就唯有撤換一途（繼任喬伊的執行長就這麼做了）。其次，喬伊應該詢問員工要「如何」執行：明確的說，就是他們怎樣如期讓需求達到預估水準，又如何完成存貨週轉率以及成本與品質的目標？如果有人對這些問題沒有答案，就必須設法在計畫開始實施前找出解答。

第三，喬伊會為計畫的進展設定階段性目標，並要求負責人嚴守權責分明的原則。舉例而言，喬伊會和他們達成協議：計畫有X％要在日期Y之前完成，而且有Z％的員工要在流程中接受訓練。如果經理人無法達到階段性目標，便必須向他報告，由他協助採取補救行動。第四，喬伊會制定應變方案，以因應意料外的狀況，如市場轉移、零件短缺，或其他外在環境的改變。

喬伊雖然聰明，卻不懂得如何執行。聘請他擔任執行長的人，由他過去的紀錄中根本預料不到他會失敗——因為他們在挑選時，只看重他善於處理交易以及購併的長才，未把執行力列入考量。

董事會將喬伊革職後，延聘一支懂得執行的團隊接任。新執行長來自製造部門，他和團隊成員邀請工廠經理人共同檢討並討論如何執行，同時設定階段性目標，透過有紀律、一貫性的檢討來追蹤進度。

▶ 全錄的執行落差

　　當全錄聘請托曼（Richard C. Thoman）時，同樣沒料到他會失敗，因為他的思考能力算得上是近年來美國大公司領導人中的頂尖人選，也是深受敬重的策略專家。一九九七年全錄邀他擔任營運長時，他是IBM的財務長，也是該公司執行長葛斯特納的心腹之一。托曼加入全錄後被賦予的任務就是進行改革，他在營運長任內，也的確推動了無數削減成本的方案，包括裁員以及縮減紅利、津貼與出差費用等，同時他還為一項新策略做奠基的工作。一九九九年四月，當董事會將他擢升為執行長後，他即著手進行這項改革大計，希望將全錄由一個提供產品與服務的公司，轉型為結合軟體、硬體與服務的解決方案提供者（solutions provider），並與微軟及康柏等公司形成夥伴關係，建構起協助客戶整合書面文件與電子資訊的完整系統。

　　對一個亟需願景的公司而言，這項提案無疑相當振奮人心。在一九九九年股東年度大會上，托曼告訴投資人，全錄

「蓄勢待發，準備迎接下一波輝煌的成功」，同時預測該年的盈餘成長可達15％至20％。投資人頗為認同這一樂觀的看法，使公司股價創下歷史新高。

然而，這個願景根本與現實脫節。全錄幾十年來一直有執行上的問題，因此托曼所開的菜單遠非全錄所能消受。例如，在公司調整業務重心的初期，托曼實施了兩項攸關重大、難度頗高的方案。其一是要將公司九十幾個處理會計、業績、客戶服務排程與訪視的行政中心，整合簡化為四個；其二是將約三萬名業務人員中的半數，由原先地區導向轉為產業導向。

這兩項行動都很重要，也必須去做。整合行政作業可以降低成本並提升效率；重組業務人力則可為新策略的核心奠定基礎，順利地由硬體供應商轉型為提供全套解決方案的企業。然而，到了當年年底，全錄的狀況卻是一團混亂。

在行政作業轉型期間，出貨單遲遲未能開立、訂單遺失、客戶的要求無人理會。另一方面，業務代表在處理混亂狀況之餘，還得適應新組織與新銷售方式。有不少人被分派到新客戶，還得忙著重新建立關係——可想而知，此舉令許多長期的忠實客戶產生疏離感。

全錄公司的士氣一蹶不振。營運現金流量變成負值，投資人開始擔心全錄財務的健全性，股價由六十四美元暴跌至七美元。公司不得已只好出售部分業務以應付現金需求。二〇〇〇年五月，董事長阿萊爾（Paul Allaire）把托曼叫到辦公

室，請他走路。

　　究竟出了什麼差錯？同時推動兩項如此龐大的方案，犯
了執行上的大忌——其中任何一項對公司都是沉重的負荷——
會讓原有的問題更形惡化。批評者指出，托曼的態度太疏遠，
未能與執行改革的人員建立密切的關係。但另一方面，全錄排
外的文化對空降者也不友善，托曼就曾表示，他並沒有指派領
導團隊的權限。當企業進行重大改革時，應特別注意把適當的
人才安置於關鍵的職位上，同時必須強化核心流程，以化解員
工的反抗，確保計畫的執行。然而，對全錄而言，這兩項基本
條件都付諸闕如。

▶ 與現實脫節的朗訊

　　一九九六年，朗訊科技宣布由麥克金（Richard McGinn）
擔任執行長時，各方均相當看好。麥克金是位行銷高手，他以
平易近人的方式向投資界解說公司光明的遠景，也承諾營收與
獲利都將有亮麗的成長。當時市場氣氛極度樂觀，彷彿身置五
萬英尺的高空，董事會與投資人都未質疑麥克金的承諾。由於
合併了自美國電話電報公司分割出去的西方電器（Western
Electric）與貝爾實驗室（Bell Lab），朗訊在一九九七年決定
專注於日益蓬勃的電信設備市場，涵蓋範圍由一般電話到交換
網路及傳輸設備。有了貝爾實驗室做為後盾，它在研發資源上

的實力可謂無人能敵。

　　但麥克金在公司內部的執行上卻遇到阻礙。他於二○○○年十月遭公司開除，由已退休的夏克特（Henry Schacht）回鍋接任。夏克特指出：「我們已經超過了自己的執行能力。」隨著電信業的泡沫破滅，幾乎每家業者均無法倖免，不過朗訊卻更早就開始走下坡，衰退的情形也比競爭對手更嚴重。

　　在市場技術更新有如網際網路般快速時，麥克金卻未能扭轉西方電器反應遲緩的官僚化文化。朗訊的組織結構累贅，財務控制系統又不夠健全。舉例來說，主管拿不到依客戶別、產品別或通路別劃分的獲利數據，所以在資源配置上難以制定良好的決策。雖然屬下曾要求麥克金改善這種情況，卻徒勞無功。他也無力導正績效不彰的主管，或是聘請到如思科（Cisco）與北方電訊（Nortel）等競爭對手那樣行事果決的主管。

　　基於上述種種原因，朗訊一直未能在新產品開發技術上達成階段性目標，錯過了市場好景乍現的最佳時機。公司投下大筆資金裝設思愛普（SAP）的商用軟體，透過同一平台將公司各個部分連結起來，可是由於工作流程並未配合修正，結果大部分的投資都白白浪費。

　　朗訊在頭兩年尚能達成財務目標，這是受惠於客戶間前所未見的資本投資熱潮。不過，當時的營收泰半來自老式的語音網路交換機（voice-network switch），成長前景並不能持續。而且在這股熱潮消退之前，公司在營收與獲利的成長上便

已出現困難。

如果領導人對公司有更全面的了解，就不可能設定如此不切實際的目標。朗訊並未生產當時市場需求最殷切的產品，如指引網際網路連結的路由器（router），以及具寬頻與高傳輸量的光纖設備。雖然貝爾實驗室已對這兩項產品進行研發與上市的工作，但速度上卻緩不濟急。

朗訊在路由器與光纖設備兩項產品上喪失先機，一般認為是策略失當。事實上，這正可顯示出執行與策略之間具有多麼密不可分的關聯。一九九八年，朗訊曾與裘尼佩網路（Juniper Networks）洽談收購事宜，但後來卻決定自行研發。執行之道首重了解自己的實力，而朗訊當時並沒有能力及時推出這項產品。懂得執行之道的人看到公司在最為炙手可熱的市場上完全缺席時，至少不會做出如此離譜的成長預估。

同樣地，光學設備方面的策略失當也源自執行不良 —— 不過癥結是未能察覺外在環境的變遷。早在一九九七年，朗訊的工程師就籲請高階主管讓他們著手研發光纖產品，但領導階層慣於聽取最大客戶的意見 —— 包括朗訊原先的母公司美國電話電報公司，以及由貝爾衍生出去的公司 —— 這些大客戶對光纖設備並不感興趣。這正是典型的「創新者兩難」（innovator's dilemma） —— 意指在某項成熟科技上擁有最強優勢的公司在駕馭新科技上，往往最不成功。其實「創新者兩難」也可以從執行上找到解答，只是一般人未能了解。如果你真懂得執

行，也擁有必要的資源，那麼除了現在的客戶之外，你也該聽聽未來客戶的意見，為他們的需求預做規劃。北方電訊當時也由大客戶口中聽到同樣的說辭，但它卻預見正在萌芽的需求，做好因應的準備。

再者，朗訊在瘋狂擴大營收的做法下，同時往太多方向發展。不僅增添一大堆無利可圖的產品線，還收購了一些與本身業務無法整合的公司。這些購併來的公司中有不少主管因無法適應官僚文化而離開，使得這些購併而來的公司很難經營下去。成本如脫韁野馬般飛漲。由於三十幾項購併行動，加上人力擴增五成左右，達到十六萬人之多，導致資源閒置、成本偏高，也降低了前景的能見度。

朗訊失敗的結局早在電信市場崩盤前，即已浮現。受到不切實際的成長目標的壓力，員工各行其是，無所不用其極。銷售人員對客戶提供超額的融資、信用與折扣，還答應收回客戶賣不出去的設備，甚至在產品剛運往經銷商時就登錄為銷貨。其結果是資產負債表令人慘不忍睹。以一九九九年為例，營收雖然成長20％，但應收帳款卻以二倍的速度暴增至一百億美元以上。公司因為受到大手筆購併案的融資所拖累，累積了巨額負債，瀕臨破產邊緣。在情勢所逼下，公司不得不以賤價出售業務。最嚴重的時刻發生在與法商阿爾卡特（Alcatel）洽談的階段，公司甚至有喪失獨立性之虞。

在科技業榮景一片大好之際，無論業界人士或投資人都

沒料到朗訊的業績會如此急劇衰退。不過長於執行的領導人應該會仔細研究公司的情況，以期對市場風險的評估能符合實際。根據公開的資料，麥克金並沒有這麼做，他在任內的最後一年時，顯然已與外界完全脫節。他有好幾次不得不調降財務預測，但直到遭董事會革職前的週末，他還堅稱朗訊正在處理自己所面臨的問題。事後回顧起來，《華爾街日報》（*Wall Street Journal*）有如下的報導：

熟悉該公司狀況的人指出，早在一年前就有幾位主管告知麥克金先生，公司需要大幅調降財務預測，因為最新的產品尚未完成，舊產品的銷售又勢將走下坡。

某位了解這次討論情況的人士說：「他斷然拒絕這項建議。他說市場正在成長，絕對沒有理由說我們不會成長。他對現狀完全視若無睹。」

在最近接受訪問時，麥克金的確承認，當朗訊由美國電話電報公司獨立出來，竄升為明星公司的那幾年，他從未想過公司可能有光彩褪去的時候。

▶ EDS絕處逢生

現在讓我們來看另一家公司如何絕處逢生，在新執行長的領導下引進執行的紀律。一九九九年一月，布朗（Dick

Brown）接下EDS*公司執行長一職時，該公司面臨的問題與全錄頗為類似。EDS一手創建了電腦服務業外包的領域，而且稱霸了好幾十年。之後資訊科技市場發生變化，但EDS卻一成不變，以致未能像IBM等競爭者那樣把握住成長的契機。公司營收未見成長，獲利不斷下降，股價也跟著一落千丈。

布朗和托曼一樣，也是出身於另一個產業。他過去在電信業時，曾有讓英國電信龍頭電纜與無線（Cable & Wireless）起死回生的紀錄。進入EDS後，他所面對的是一個根深柢固、需要徹底變革的文化，公司中充斥著猶疑不決與權責不明，組織結構也無法配合市場的需要。EDS和全錄相似之處還有兩點：布朗上任後不久，就為營收與獲利成長設定雄心勃勃的目標，而公司大多數人都認定無法實現；同時他也推動公司大規模的重組工作。

不過，兩者的相似處到此為止。布朗是個非常重視執行的人，也徹底展現自己是真正負責的主導者。他雖然謙稱目前EDS的轉型仍在進行中，但他確實在兩年內就讓公司有一番徹底的改變。他為EDS注入消失已久的活力與專注，同時也達成了預定的盈餘與成長目標。

布朗以敏銳的眼光看出，EDS只要能迎合企業對資訊科技服務快速增長的新需求，就能有強勁的成長與獲利。這些服務

---

* Electronic Data Systems，台灣分公司名為「中國嘉通」。

包括協助企業內部數位化，虛擬零售（virtual retailing）與電子化整合，讓企業能與供應商、客戶及其他服務提供者共同合作，如同一個整合完善的企業。就算是最優秀的企業資訊科技部門，要能掌握這樣的變遷都屬難事，對於那些資源有限的公司而言，就更是嚴重的問題。

布朗看出，EDS正具備滿足這些市場的核心實力。公司不但擁有豐沛的資源，既能以低價提供最制式化的營運服務，也可透過一九九五年購併的A.T.喀爾尼（A.T. Kearney）顧問公司，提供最高層次的策略諮商。公司員工在解決客戶問題上擁有既深且廣的技術專業與經驗，累積了龐大的智慧資本。EDS公司文化的優點，就是有一股強烈「做得到」的精神，這是由創辦人裴洛（Ross Perot）傳承下來的，某位主管稱之為「相信我們能為客戶完成不可能任務的信念」。

不過，EDS也受困於本身老舊的結構與文化。四十多個根據產業別組成的策略業務單位，如通訊、消費性商品、州際醫療等，讓公司成為山頭割據的局面。這些山頭有各自的主管、規章、人員、甚至政策，很難通力合作。因此就算市場出現新的機會，EDS也無法適時把握。布朗要如何應用公司的智慧資本來因應新環境？EDS需要一個新的組織結構。不過在此之前，布朗必須先改變公司的文化，引進權責分明、互助合作的精神。

推動執行文化

布朗親自出馬。首先，他深入了解公司，到各個部門巡迴訪視三個月，正式或非正式地會見各階層員工，與他們交談並傾聽意見。他每週發送電子郵件給全公司、告知員工他的想法，也邀請他們給予回應或提出建言。

他坦率平易的訊息不僅能和員工溝通看法，還能改變員工的態度。透過這種做法，他讓每位員工都能明瞭公司的目標與問題，並熟悉新的領導風格；同時，經理人也會承受來自基層的壓力，要求他們說明工作的優先順序。

布朗還會以其他方式提升資訊的品質與流通。例如，將以往每季統計一次的銷售數字改為每日呈報，而且公司首度向一百五十位左右的高階主管提供公司的重大資訊，包括獲利率與每股盈餘等。

布朗由最高階層開始，以嶄新的方式推動權責分明與互助合作的精神。例如，他與營運長以及財務長每個月主持「績效會議」，透過多方通話的連接，使企業一百五十位左右的高階領導人參與其中。這個會議本質上是對公司營運持續進行檢討，將上個月以及本年度累積的績效與當初承諾的目標進行比較。這種做法可以及早發現問題，激起警覺心。未能達成目標者必須提出解釋，並說明未來有何補救對策。

在布朗開始推動新執行文化早期，這種會議還有強化新

的權責分明標準的作用。布朗說：「我想要強調的是，以前你的簽名只是預算書上的一個欄位，現在，當你簽名時，便代表著對自己團隊與其他部門許下承諾。接下來就要全看你的表現了。希望這樣能夠讓主管找回過去喪失的責任心，再度建立起自己在員工心中的份量。」

這個會議也讓大家以前所未有的務實態度討論公司的營運狀況。大家的交談態度直來直往，甚至毫不留情，目的便是要讓真理愈辯愈明，同時也引導經理人培養出符合布朗所期許的行為模式。布朗說這樣的會議「高度的坦誠，讓樂觀的想法和高昂的士氣，能夠與現實取得平衡。我們將正面與負面的因素全都攤在陽光下。」對那些績效不佳的主管而言，這類會議當然很不好受，他們必須當著同僚的面提出解釋以及補救之道。布朗還補充說：「如果你的績效實在太糟，會後我會再找你進一步商談。」這類會後談話通常是一連串的問題與建議，讓主管想清楚要有正常的表現，應該採取哪些行動。

無論是績效會議或會後談話，用意都不在譴責。正如某位元老級的主管所言：「對談是以正面、建設性的方式進行，不致讓人難堪。不過，很自然的，每個人都會希望自己是屬於表現良好的那一群。」

會議中的討論內容並不侷限於營運數字。布朗憶及在早期的一次會議中，「有位主管發言表示，他很擔心自己部門內不斷增長的焦慮不安情緒，也很擔心快速劇烈的改變。他的部

員工會效法他們的主管，如果你的部門覺得擔心，你卻說你並不擔心，那表示一定有問題。過去我們怎麼做，並不代表未來一定也要這樣做，我們必須要有開放的心胸。

屬紛紛發出質疑：『我們是否走得太快？這樣行事是否近乎魯莽？或許我們該放慢腳步，輕鬆一點，稍稍反省一下。』」

布朗把這個問題丟給大家——藉此來場震撼教育。他說：「我告訴大家，『這是一項領導能力的測試。與會者中如果有人真的很擔心我們的方向，很擔心我們可能失敗，我希望他現在就告訴我。你們不必害怕說出自己的疑慮。如果你認為我們犯了嚴重的錯誤，正走上危險邊緣，請現在就說出來。』」

「沒有人出聲。所以我又說：『如果你們都不擔心，那麼憂慮從何而來呢？我不擔心，你們也不擔心。但是，有些人說的是一回事，實際上的表現又是另一回事。你們告訴我，你們的屬下絞緊雙手，輕信謠言，對未來焦慮不安；可是，我得告訴你們，在我看來，你們這些領導階層的表現和他們如出一轍。員工會效法他們的主管，如果你的部門覺得擔心，你卻說你並不擔心，那表示一定有問題。』」

「接著我又回到正題。『以下就是對你們領導能力的測試：請你們安撫所屬員工，給他們正確的資訊，針對他們的憂慮對症下藥。我不相信他們的憂慮有事實根據，我相信那純屬空穴來風。如果真是如此，那就是你們的錯。』」

布朗為一百五十位高階主管籌劃了一系列的兩天會議，讓他們有機會接觸公司各項計畫、關鍵議題與財務狀況的細節。他在第一次會議時說：「我希望你們都能站在我的層次上來看公司。這樣做能讓你們參與公司正在進行的事，也可以讓

你們專注於公司所面對最關鍵的課題。」這項聚會也讓各路人馬練習如何共事，不只在會議期間，還延伸到日常工作上。布朗指出：「如果我們彼此認識，當我們合作共事時，無論收到對方的便箋、電子郵件，還是看到對方的名字，腦海中就會有張臉孔浮現出來。我們屬於同一團隊，只有同心協力才能達成目標。」

布朗十分重視挑選人才，他曾開除數十位績效不佳的主管。在新的領導作風下，人力資源部門（後更名為領導與變革管理）開發了一套薪酬制度，將報酬與績效連結起來，同時設計了一組網路評量工具，協助業務部門主管強化對員工的考核，並且針對不同部門的需求，為各階層主管提供廣泛的訓練課程。無法處理好這些變革的主管，不是接受特別指導就是遭到開除。

布朗還要求親自分析銷售人員的績效，結果發現，過去六個月來有兩成銷售人員的業績掛零。於是，他詢問銷售部門的負責人：「你打算如何處置這些人 —— 還有他們的主管？」最後，這兩成人員都遭到替換。

翻新組織架構

全錄的組織重組一敗塗地，相形之下，布朗的方案對公司整體的影響要重大且複雜得多，可說讓EDS經歷了天翻地覆

> 新的組織架構不僅按照市場來劃分業務，充分運用智慧資本，動員全公司員工為客戶提供解決方案。

的改變。傳統的策略性事業單位經過轉換，變成以廣泛市場區隔為中心的四條業務線：其一是電子解決方案（E Solutions），為延伸企業提供完整的服務，讓企業和供應商與客戶之間，能夠從供應鏈網絡到網際網路安全系統的連結都全面電子化；其二是企業流程管理（Business Process Management），以企業與政府部門為對象，提供行政與財務處理以及客戶關係管理；其三是資訊解決方案（information solutions），出售資訊科技與通訊外包、代管資料儲存，以及桌面系統管理；其四則是購併而來的A.T.喀爾尼，專精於高層次諮詢以及高階人才搜尋服務。（EDS後來又增加了一條事業線，稱為PLM解決方案，為製造商提供數位化產品生命週期管理 —— 由開發到與供應商合作都包括在內。）

新的組織架構不僅按照市場來劃分業務，更是首次讓EDS充分運用本身的智慧資本，動員全公司員工為客戶提供解決方案。各事業線之間的合作，讓EDS能為每位客戶提供高價值的服務組合，因為它本身的專業能力涵蓋範圍相當完整，舉凡企業策略諮詢、流程再設計與管理、網站經營等都包括在內。不過要發揮新架構的功能，需要舊事業單位人員的配合，他們不但要學會新職務，還要學會要以新的方式共同合作。在此同時，員工要完成的使命是每年以4％至6％的幅度提升生產力，創造一年十億美元的再投資資金或利潤。另一方面，引進新產品與推動產品上市的速度也不能放慢。

　　這次徹底翻新組織架構之所以能成功，是因為布朗讓未
來要實際執行工作的人員，來負責設計組織的架構。他集合了
來自不同專業與地區的七位主管，共同設計新的組織模型。他
們定期與布朗、營運長與財務長會面，經過十週不眠不休的努
力，終於把模型設計出來。

　　新舊組織的差異之大，從對主管的要求上就可以看得出
來。過去各事業單位的主管只需專注自己部門的成功即可；而
新模型的設計旨在追求公司整體成果極大化，因此需要不同業
務部門間密切合作。對參與模型設計的多數主管而言，這是他
們首次嘗試這樣的團隊合作，其間遭遇到不少困難。以下是其
中一位成員參與該過程的心得：

　　我們是來自不同背景的七個人，有不同的看法與不同的
意見。有人偏重銷售，有人偏重流通，有人具國際視野，有人
產業知識豐富。我們必須一致同意，我們設計的這個模型是大
家都能完全接受的。

　　要做到這一點當然很困難。我可以告訴你，我們之間有
過許多爭執。有時候我們會氣沖沖走出辦公大樓，彼此都看對
方不順眼。對我而言，妥協很不容易，因為我是主觀很強的
人。許多時候我真的很灰心。有幾次我中途離席，坐進車裡，
心裡想：「我們正在弄垮這家公司。」我在公司待了二十年，
公司就等於是我的家，我希望它能安然無恙。想到我們正在摧

毀它，眞讓我難以忍受。

　　我想必須要經過一些情感與精神上的調整，才可能進行
這樣徹底的改革，也才能理解「過去我們怎麼做，並不代表未
來一定也要這樣做，我們必須要有開放的心胸。」最後，大家
成了親密好友，因爲我們曾共同絞盡腦汁，這眞是個十分難得
的成長經驗。

　　就在這一切進行的同時，布朗還讓全公司更專注於提升
服務客戶的水準，以爭取逐年流失的客戶。「卓越服務」不再
只是一句口號，對所有面對客戶的主管以及各事業線總裁而
言，這也成爲攸關績效獎金的客觀評量。時至今日，91％的
EDS客戶對該公司的服務評價爲「良好」或是「卓越」。

　　這些結果也可由EDS的績效中清楚看到。二〇〇一年年
底，該公司營收創歷史新高，市占率顯著提高，連續十一季的
營業利潤率與每股盈餘都有兩位數的成長。自布朗上任以來，
股價上漲了65％。二〇〇一年十二月，EDS董事會的業務報告
結束時，所有董事都走向布朗，一一向他致意，因爲他以三年
不到的時間成功將公司文化轉型，在營運與獲利上也有傑出的
績效。

本章提到的三家公司，一度都屬於美國企業的偶像級公司。全錄、朗訊（還有西方電器與貝爾實驗室）、EDS都是當年的產業創始者，長期引領風騷，成為競爭者學習的標竿企業。時至今日，有兩家正在困境中掙扎，企圖重拾部分昔日的光彩，第三家則重返榮耀，立志再次建立業界盟主的地位。其中差別何在？正是執行力的有無。

執行的紀律是由一整套建構要素為基礎，每位領導者都必須善於運用這些要素，秉持嚴謹一貫的態度，有效地設計、建構乃至操作三項核心流程。以下三章的內容，乃是綜合精鍊地說明這些要素：領導者的重要行為、文化變遷架構的操作性定義，以及讓員工適才適所。

第三章

領導人的
七大重要行為

負責執行的領導人究竟該做些什麼？如何才能避免事必
躬親，卻仍對企業經營的細節瞭若指掌？以下所列的七大重要
行為，構成了奠定執行能力不可或缺的第一塊基石：

1. 了解你的企業與員工
2. 實事求是
3. 設定明確的目標與優先順序
4. 後續追蹤
5. 論功行賞
6. 傳授經驗以提升員工能力
7. 了解自我

▶ 了解你的企業與員工

領導人必須時時以企業為念。在執行成效不彰的企業
中，領導人往往與日常運作的真實情況脫節。雖然有人呈送大
量的資訊，卻都經過篩選。由直屬部下提供的資料，當然難脫
各人的理解、能力以及業務重點的侷限，至於幕僚也是各憑自
身觀點蒐集資料。所以，領導人應該要實際參與行動，投入業
務運作之中，才能掌握組織全貌，不致與員工之間產生隔閡。

包熙迪：假設某位企業領導人到工廠或是事業總部巡

視，和員工交流意見。表面上看來，他好像頗為關心員工子女
的狀況 —— 在校表現是否傑出，對社區適應的程度等等；或者
他還會聊到職棒、美式足球超級盃的戰況，甚至當地棒球隊的
表現。他也可能會問一些有關業務的膚淺問題，好比：「你的
薪水是哪一個等級？」他的態度雖然親和有禮，但是這樣一位
領導人其實並未與企業融為一體。

訪談結束之後，某些經理人可能會覺得氣氛融洽和諧，
大大鬆了一口氣。然而，較為優秀的經理人則會感到失望，他
們會自問，這樣有意義嗎？在領導人到訪之前，他們下了一番
工夫，準備好要回答一些困難的問題。因為優秀的人才樂於被
質詢，他們對業務的了解往往勝過領導人。如今，這些人深感
挫折，也失去了工作的熱忱。他們沒有機會在領導人面前留下
好印象 —— 當然，他們對領導人的印象也好不到哪裡去。

最重要的是，這位領導人什麼也沒學到。日後當他侃侃
而談公司前景時，媒體記者或證券分析師可能對他頗為推崇，
然而，他自己企業的員工卻心裡有數，他們會私下議論：「他
根本不了解這裡的情況，居然還講得這麼理所當然的樣子？」
這好比越戰時，美國有些政客訪問越南的狀況，他們四處看
看，和一些高階將領談談，再翻看一些數據之後，便宣稱戰事
相當樂觀，他們已見到隧道盡頭的亮光。才怪！

如果我聽到一些關於經理人的傳聞，我會親自視察工
廠，希望親自查證狀況。若是此人真如傳聞一樣能幹，我會讓

他有機會更進一步加強實力。我會與他深入討論一些問題，就算他的思慮已相當周詳，我可能還是會提示一些他不曾想到的觀點。如果傳聞此人的績效不佳，我會自行判斷他究竟是否適任。同時，我也想更了解他所帶領的團隊，我會設法東問西問，以便得到更清楚且明確的印象。

接下來我會盡可能多見一些員工，並且花半個小時以投影片向他們簡報公司目前的情況，然後我會以一個小時的時間回答問題。從員工的問題與對話中，我便能得知經理人平常與員工相互溝通的狀況。如果沒有人敢提出問題，可想而知，組織的作風必定不夠開放。若是沒有人敢向我提出尖銳的問題，好比：「執行長，你今年會拿到多少紅利？」我就可以判定他們不會暢所欲言。

工會代表也會在場，在聽完我的說法後，他可能會問今年是否會裁員。我的回答是：「此事還沒有定論，工廠的命運取決於客戶的滿意度。換言之，我們必須讓產品的成本更有競爭力 —— 而且還得交貨快速。也就是我們必須大幅提升工廠的生產力。」重點在於，當你查訪真相之際，不但自己可以學到東西，員工同樣可以學到東西，雙方都能從對話中受益。而且，讓工廠主管有機會詳細報告業務狀況，會令他們對自己的工作產生尊嚴感。

以下是一個典型的例子。在我重返漢威聯合數月之後，曾經到伊利諾州一座生產感應器的工廠視察。這裡是漢威聯合

❝ 你必須隔一段時間就晉用一些新進員工，才能激盪出
新的點子，否則就很難推陳出新。你已經聽夠老員工
的意見，也該聽聽新進者嶄新的觀點。 ❞

早期的工廠之一，許多做法上並未全面現代化，卻積極引用六
標準差來提升生產力，數位化的成效也十分良好。事實上，並
沒有任何人指示這裡的管理階層引進這類改革，完全是他們自
覺該這麼做。負責經營工廠的經理是個十分聰明的人。

　　我告訴這位經理：「你的組織看來相當不錯。」不過還
是有一些問題存在。我們更進一步討論員工的情況，我問他：
「這些員工待在這裡或是做同樣的工作有多久了？」看起來工
廠有太多資深員工。「這些員工都很優秀，可是得讓他們調動
一下，或者讓他們有升遷的機會，如此你才能每隔一陣子就召
募一批新血，聽到一些不同的意見。你必須隔一段時間就晉用
一些新進員工，才能激盪出新的點子，否則就很難推陳出新。
你已經聽夠老員工的意見，也該聽聽新進者的嶄新觀點。」

　　接著我詢問為何他讓品管人員隸屬於製造部門。「這好
比是讓狐狸來看守雞籠。我希望看到的是品管人員剖析製造部
門的優劣。」接下來，我問：「負責規劃企業發展的人為何沒
有來參加會談？你們準備進行一些購併，雖然他今天有事外
出，但是，他其實應該來和我談一談。」廠長對此只含糊以
對。隨後他帶我參觀工廠生產的各種產品，說明得十分詳實。

　　不過，他並未達成之前的預定目標。他坦承：「我們不
曾預期到衰退的走勢。」我詢問為何如此，他答不出所以然。
他提到運用以工業生產指數為基礎的系統來做預測，這個系統
與他的企業相關值達到74％。我稍微查驗一下，發現他所說的

74%，其實是從事後來看，而不是預測性質。我們針對此事討論了一陣子，他同意另外找更有效的預測方式。不過除了研究指標數字之外，我倒是比較好奇他的思考邏輯，當初為何會認為這套系統能預估企業的營業狀況。

接下來我和廠長一起與他的幕僚會談。當我們再度獨處時，我提到：「你旗下有九家工廠，年營業額卻只有六億，你應該考慮關掉幾家。」他坦承知道該這麼做，只是拿不定主意該裁撤哪幾家。我也注意到，產品所需的零件全都由自家工廠製造。「你不需要全靠自製，可以將一部分外包給成本比較低的廠商。」我建議道：「順便提醒一點，先決定哪些部分可以外包，接下來再決定該關掉哪幾家工廠，這就是所謂的謀定而後動。」

和員工會談時，有人提到在他們在研發技術上有些新的突破，卻沒有協助申請專利的律師，所以我也詢問是由誰負責保護智慧財產。我還提到網路競標（e-auction），並建議經理試試以這種方式進貨，價格會便宜一些，他承認公司在這一點上有些跟不上時代。最後我認為公司的系統太雜亂且聯繫不良（這種案例屢見不鮮），我告誡廠長與其花大錢添購設備，不如先讓各系統能溝通無礙。他答應會處理這個問題。

當然，也有正面的消息。在我離開公司的這段期間，六標準差方案遭到冷落，所以重返公司後，我又開始極力推動。然而，這位經理卻一直很重視六標準差，這裡也聚集不少黑帶

高手 —— 就是這個領域最高段的專家。他的員工所推行的方案都相當合乎需要，對客戶的服務也相當周全，工廠在數位化方面的努力也有目共睹。更值得嘉許的是，這些努力都是由該廠自動自發地主導，而非由總公司授意。這一點實在令人刮目相看。

為了讓業務發展得更好，我們的討論達成以下的共識。工廠必須引進新人，以免集思廣益時了無新意；要關閉一些廠房，增加外包以降低成本。他也要注意保護智慧財產權 —— 這是一項競爭利器。此外，應適度運用網路競標，以更明智的方式進貨。最後就是想辦法整合各項系統。

我丟給他一些難度頗高的挑戰，然而正因他在不景氣的情況下仍然表現出色，顯見他很能掌握正確的方向，相信對於這些補強方案，他也會圓滿達成。

■　■　■

這次視察有什麼樣的成果？

夏藍：首先，對於經理該做哪些改革，好讓工廠發展得更好，雙方已達成十分明確的共識。再者，這是一次很棒的經驗傳承。包熙迪提出了幾個難度頗高的問題，不僅讓廠長更認清實際的狀況，也增加廠方與外在環境的聯繫。經理和員工們

有機會見識到執行長在保持競爭優勢方面的高瞻遠矚。透過對話，員工也可以學到如何從更縝密、更具分析性的角度來思考企業的課題。第三，包熙迪對工廠團隊的讚許與鼓勵，很能激勵員工的士氣與工作熱忱。運用這種一貫性的流程，必可提升公司的競爭力。

最重要的就是「一貫性」。對公司運作積極投入的領導人在視察事業單位時，要能將事業單位所面臨的挑戰濃縮為幾項基本要點，最多不超過六項。這些挑戰在短期內不致有多大改變，像包熙迪這類的執行長，就是靠掌握適用於不同事業單位的少數幾項基本要點，將整個公司管理得井然有序。

身為企業領導人，親自造訪各機構能讓你建立與員工之間的互動，藉由這些親身接觸，不但能培養你對企業狀況具有直覺的感受力，也讓你更清楚幹部的能力。另一方面，實地視察會讓員工感到你是親自交付給他任務。前面提過的EDS執行長布朗，就時常親自視察旗下各機構，和員工建立私人的情誼，也促進了員工前所未有的工作熱忱與認同感。不論在企業界、政壇、軍隊、宗教或是其他任何領域，如果不能建立這種私人情誼，你永遠也不可能成為偉大的領袖。

包熙迪： 身為領導人就必須親力親為。你得親自主持業務檢討會議，不能缺席或擺出一副事不關己、不負責任的態度。當你視察某一個部門並主持檢討會議時，也許會有人不喜

> 如果不能了解對話中對事不對人的特性，有時難免會
> 感到難堪。總之，這種對話絕不可心存惡意。

歡聽你挑出缺失，不過他們仍然會說：「至少他是真正關心我們的狀況，才會親自出席和我們一起檢討。他在這裡整整待了四個小時，徹頭徹尾把我們問了一番。」優秀的員工就喜歡這樣，他會覺得自己工做得有尊嚴。領導人親自參與，表示領導人看重並欣賞員工準備檢討會議所花的心血。

這種方式也鼓勵直言無諱的對話。如果不能了解對話中對事不對人的特性，有時難免會感到難堪。總之，這種對話絕不可心存惡意。假設你和某人爭辯激烈，彼此都不認同對方的想法，可是，最後你們還是妥協出解決方案。事後你可以寫一封短箋給對方，「昨天在討論貴單位的發展方案時，我們之間的辯論十分精采。感謝你勇於陳述自己的觀點，由於你的坦白和堅持，我們才能面對真相。」經過一場激辯之後，你不帶一絲怒氣回家，當然也希望對方不要放在心上。這樣的做法可以提升員工理智討論重大議題的能力，輸贏並不重要。事實上，能經過討論而找出解決方案，本身就十分具有正面意義。

在漢威聯合任職時，每完成一次視察，我都會寫一封正式信函給當地的主管，以摘要的方式列舉出他同意改進的事項。同時，我也會再寫一張便箋，類似「蓋瑞，昨天表現得不錯。生產力還未趕上標準，你得加把勁。但是，除此之外，你們實在很棒。」寫一張短箋最多只需要五分鐘，可是它會在整個單位廣為傳閱 —— 收信者樂於四處炫耀，而且會妥善珍藏。

若你手下的經理表現不佳，不要以開除他做為警告 ——

必須協助他解決問題。這時，如果彼此間有私誼，就會使這項任務更容易達成。如果你曾經利用各種機會培養與部屬的交情，萬一有一天你接到某人的電話，「老闆，有別家公司要我過去。」你就可以勸阻，「算了，山姆，這麼做好嗎？你在這裡做得很好，將來也很有發展。」如此勸說一番，大多數人都可以被慰留下來。如果缺乏面對面的接觸，你在員工心目中不過是一個名字而已。

建立私人交情與行事風格無關，你不必具有領袖魅力或擁有交際手腕才能這麼做。不管你原本是什麼個性，最重要的是表現出開放的心胸，凡事採取正面的態度，最好能不拘形式而且帶有幽默感。檢討業務時應採用蘇格拉底式問答（藉由反覆澄清，使對方領悟真理），而不是質問的形式。不論你原本個性如何，都可以從中與員工建立公務以外的私交。

■　■　■

私交在推動新方案時尤其重要。企業界有太多胎死腹中的短命方案，不少優秀而重要的構想一開始提出時人人稱讚，然而六個月或是一年後便如石沉大海，被評為行不通而遭放棄。為什麼會有這種現象？因為下達到執行單位時，經理人相當排斥這種費時、又不見得會有功勞或成果的計畫，所以有意讓它行不通。他們會說：「過一陣子就沒人記得了，就像上次

那個不錯的點子一樣。」結果公司不但浪費了時間、金錢和精
力，領導人的威信也因而喪失，但卻少有人知道，失敗的癥結
往往出在個人因素。

　　化解這類消極（也有許多是積極）抵制的方法，就是領
導人親自參與、了解與投入。不但要宣布計畫啟動，還要提出
明確的解釋，說明這項方案對組織的重要性。要做到這一點，
領導人不但得全盤了解方案的運作，還要確實知道它可以帶來
的好處。接下來領導人必須進行後續追蹤，讓每位參與者不敢
掉以輕心。同樣的，領導人得先了解執行時會遇到哪些問題，
並和執行者討論這些問題，而且要反覆強調自己非常期望他們
能夠切實執行。

　　夏藍：一九九〇年代中期，奇異公司執行長威爾許的一
個朋友告訴他，有種新方法能使製造部門的存貨週轉率大幅提
升。在那個年代很少有企業領導人能理解，加速存貨週轉率乃
是一項有效的工具，大大有助於產生現金與增加投資報酬率。
這位朋友斷言，如果奇異公司所有部門都能提高存貨週轉率，
必能產生更多現金。他向威爾許推薦一位施行此套方法的專
家 —— 美國標準公司（American Standard）執行長坎保瑞斯
（Emmanuel Kampouris）。當時是一九九〇年代中期，大部分
公司年度平均存貨週轉率為四次，而美國標準公司的一些工廠
卻已高達四十次。

威爾許對這個說法十分感興趣，但是，他並未只滿足於了解概念而已 —— 他希望親自了解實際運作情況。他並沒有先派遣工廠幹部出馬，而是自己挪出時間，直接去拜訪坎保瑞斯，與他詳談數小時。

　　接下來，他實地去了解基層施行的情形。當他接受美國標準公司的邀約前去演說時，在晚宴中，他刻意坐在兩位廠長間，一位來自巴西，一位來自英國，他們所帶領的工廠存貨週轉率分別是三十三次與四十次。整個晚上威爾許都在仔細詢問他們相關細節，包括工具、社會架構、如何克服引進新方法所受到的抵制等等。

　　身為奇異執行長，難道沒有更重要的事等著他去處理嗎？當然有！然而，唯有親自深入了解這個主題，威爾許才能學到該如何在奇異推展並執行這項方案。他學到要運用哪些資源，執行人員應具備怎樣的技巧與心態。然後，他才有可能在這個龐大的企業體中快速推展並貫徹必要的變革。直到二〇〇一年威爾許退休時，奇異的存貨週轉率已提高一倍，達到八‧五次。

■　■　■

▶ 實事求是

實事求是乃是執行的核心所在，然而許多企業卻充斥著迴避或隱瞞實情的員工。為何如此？實事求是讓日子難過，所以他們不願意打開潘朵拉的盒子，讓無情的事實曝光。他們不是想遮掩錯誤，就是不願直截了當承認自己目前還沒有解決方案，想藉拖延時間來找出一些對策。他們不願意和別人正面對立。沒有人喜歡第一個宣布壞消息，成為受攻擊的炮灰，或是被視為愛挑釁上司的麻煩製造者。

有些領導人會有鴕鳥心態。請他們列舉企業的優缺點時，這些人通常在陳述優點時滔滔不絕，對缺點卻輕描淡寫。若是更進一步詢問他們將如何修正缺點，總是很難得到明確而具體的答案。他們通常會說：「我們必須達成目標數字。」沒錯，達成目標數字是你的職責所在，問題是要如何達成。

舉例而言，美國電話電報公司購併許多自己不擅長的有線業務，這是務實的做法嗎？從事後紀錄顯示此舉並不成功。前面提過，全錄前執行長托曼尚未找到適任的重要主管，就一舉推出兩項涵蓋甚廣的新方案，這豈是務實的做法？

如何讓實事求是的作風成為當務之急？首先，領導人自己就要有務實的態度，接下來，便是要確保企業所有對話都展現出實事求是的精神。

你不僅要問：「我的公司今年是否表現得比去年好？」
還得問：「和別家公司比起來，我們的表現如何？別
人是不是進步得更多？」

　　包熙迪：實事求是的精神就是以務實的眼光來審視自己的企業，並且和其他企業做一番比較。你會時時關切全球各大公司的動向，以向外而非向內的眼光來衡量自己的進步程度。你不僅要問：「我的公司今年是否表現得比去年好？」還得問：「和別家公司比起來，我們的表現如何？別人是不是進步得更多？」這才是務實的檢討態度。

　　看到有這麼多員工喜歡自欺欺人，不願面對現實，真是讓人感到驚愕。舉例而言，當我接管聯合訊號時，客戶和員工的想法幾乎是南轅北轍。員工告訴我，公司的準時交貨率達到98％，客戶卻認為只有60％。諷刺的是，員工不但沒有設法安撫客戶的埋怨，反而只想證明客戶錯了，我們才是對的。

　　每當巡視分支機構和他們開會溝通時，我常會問員工：「你們認為公司有哪些方面做得好，哪些方面做得不好？」接著再問：「你喜歡漢威聯合的哪些地方，又討厭哪些地方？」有些人會藉機發發牢騷，另外一些人會事後找我私下表達意見。不過，大部分我聽到的都是有用的看法或是資訊，我總會記錄下來，並在事後與管理階層討論。

　　如果有機會到培訓中心參觀有關管理的課程時，我會先演講十分鐘，留半個小時回答大家的問題，然後一一和學員握手致意，並詢問上述兩個我在開會時所問的問題。如此一來，員工可以感受到實事求是的態度真的很重要。回到單位之後，他們會告訴自己的上司：「你知道嗎？我見到了包熙迪，還告

訴他有什麼地方需要改進。」他的上司便明白我已經知道這些事了。

如此一來，我和員工雙方都能學到一些東西。舉例而言，我可能會學到，如果公司各事業部門無法合作無間，可能會損及新的營收來源；或是有些應該優先實施的重要方案，在某些部門卻遭受冷落。另一方面，員工則能夠和我一樣掌握公司的全貌──哪些部分進展順利，哪些部分我不甚滿意。

▶ 設定明確的目標與優先順序

有執行力的主管會將焦點集中於少數幾項應優先執行的重點，讓大家都能清楚掌握。為什麼重點項目不能多？第一，任何曾經對企業經營下過一番工夫者都能看出，專注於三到四個執行重點，才能讓企業資源的運用獲致最佳成效。第二，現代企業組織架構下的員工，若要順利完成工作，必須清楚了解事情的先後順序。在以往老式的公司層級架構下，並不會出現這樣的問題，因為工作命令通過層層指揮系統交代下來，員工通常都已對自己的工作非常清楚。然而，現代企業組織架構，譬如矩陣型組織，決策權分散、不相統屬，以致於各層級的員工常要進行無休止的取捨與妥協，才能使計畫順利完成。大家不但競相爭奪資源，也常有扯不清的決策權與工作關係的問題。若未能事先考慮周詳，並設定清楚的優先順序，員工常會

領導人若是說：「我列了十項重點。」表示他根本沒進入狀況。

因你爭我奪而$\quad$停滯。

$\quad$人若是說：「我列了十項重點。」表示他根本沒進$\quad$狀況 —— 連他自己都分不清楚重點何在。執行長列出的目標與優先順序一定不能多，而且要明確務實，以利公司整體效能的提升。

$\quad$舉例而言，朗訊在二〇〇二年的主要目標是力求生存，直到訂單回流為止。該公司因債台高築，被調降債信評等，貸到期時也出現幾乎無力償還的窘況。所以，公司的首要任務就$\quad$保留現金，努力將應收帳款與存貨降至最低、出售不必要的資$\quad$、將生產外包、並降低成本。其次的要務就是全力維繫客戶$\quad$營收能保持一定水準。每一個員工的心中都深明這兩項重點$\quad$這對他們日常的工作態度產生了重大的影響。

$\quad$除了制定明確的目標外，領導人還得在各方面力求簡化$\quad$執行力的領導人通常都言簡意賅，說話不拐彎抹角也不虛偽$\quad$飾，只是直陳己見。他們知道該如何化繁為簡，好讓別人容易了解、評估並且展開實際行動，所以他們的話語常能成為$\quad$所遵循的常規。

$\quad$有時候企業必須由新的角度來釐清優先順序。二〇〇〇年八月，某家在其產業中居於全球第一的連鎖業者任命了一位新執行長。這家連鎖店的地盤現正被競爭者逐步侵吞。究其原因，是當初公司滿懷「革新」的雄心大志與熱情，購併一些電子商務公司和其他直銷業務，失去對原本核心事業的專注。在

有時候企業必須由新的角度來釐清優先順序。

任命新執行長前一年，股價已下跌了三分之二。

公司的一些元老幹部促請新任執行長開設更多分店，然而執行長本身就是由公司內部晉升上來的，他不僅熟諳實戰，而且以執行為導向，他認為公司已經嘗試開拓太多路線，如今應以提升既有店面的效能為第一優先，所以他期勉員工致力提高盈餘與營業額。

他採取了三個步驟，將改革目標轉化為實際行動。首先，他召集直屬的十位主管，向他們解釋預定的目標，同時討論相關的執行問題——如何達成目標、有哪些尚待克服的障礙、如何修改獎勵制度。然後，他集合旗下最高階的一百位採購主管與分店負責人，展開為期兩天的訓練。他教導大家如何剖析企業狀況，簡要解說銷售量增加的狀況及原因；哪些因素會影響成本結構；以及採購人員與店方如果相處不融洽將有什麼後果。他為往後四個銷售季設下明確的營業目標，並且和大家一起討論如何達成。這些負責人在各自回到工作崗位前，每一個人都已經有一項九十天的行動方案，對後續追蹤也達成明確的共識。最後，他再一次主導類似的兩天訓練會議，這次的對象則是好幾百位採購人員與商店經理人。

到二○○一年十二月為止，這家連鎖業不僅毛利率大幅提升，股價也漲了一倍。

▶ 後續追蹤

　　即使有了簡單明確的目標，如果沒有人把它當一回事也
不管用。企業中有不少計畫，都是因不能貫徹後續追蹤而導致
失敗，這也是執行無力的主要原因。你參加過多少次未能達成
確切結論的會議，直到結束時，還無法決定何時執行、誰來執
行、執行哪些工作？就算大家都覺得構想頗佳，如果未指定專
人負責成敗，一定會半途而廢。因為總會冒出一些更重要的事
得優先處理，要不然就是事後大家覺得這個提案並沒有當初所
說得那麼好。（說不定在開會時，他們已經不以為然，只是沒
表達出來而已。）

　　舉例而言，二〇〇一年的經濟衰退使某高科技公司受創
頗重，營業額下滑20%。企業執行長親自檢視旗下某個重要事
業部經過修正後的營運計畫，首先讚揚事業部總裁領導屬下降
低成本結構的績效，隨後又指出他們尚未達到應有的投資報酬
率目標。接下來他提供一個值得一試的解決方案。由於執行長
本人最近理解到資產速率的重要性，所以建議這個事業部和供
應商共同研擬提高存貨週轉率的方法，以期獲得實質成效。
「你認為你該怎麼做？」他詢問採購經理。這位經理回答，如
果有工程師從旁協助，應當能大幅提升績效。「我需要二十位
工程師。」採購經理加上一句。

　　執行長轉向掌管工程部門的副總裁，問他是否能撥出工

程師來協助這個計畫。副總裁遲疑了半分鐘之久,終於以冷漠的語氣表示:「工程師不會願意替採購部門做事。」執行長注視副總裁良久,最後開口道:「我確信下禮拜一你會指派二十位工程師到採購部門。」說完後便起身走向門口,隨後他停下腳步轉身注視採購經理,「我要你每個月固定召開視訊會議,成員包括你本人、工程人員、財務長,還有我和製造經理,大家共同檢討這項重要工作的進度。」

這位執行長做了哪些舉動?首先,他讓可能阻礙計畫的衝突浮上檯面。其次,他制定後續追蹤的方法,確定每一個人都切實執行。包括該部門總裁在內,因為會議進行時他只是被動地坐在一旁,直到執行長下了最後通牒才有反應。這位執行長的舉動已經昭告公司的其他人員:每一個人都會受到後續追蹤的監督。

▶ 論功行賞

想要讓員工賣力拚出績效,就應該論功行賞。這似乎是再淺顯不過的道理,不值一提。然而,許多企業往往做不好論功行賞,使得績效與報酬之間幾乎沒有相關。這些公司未區分績效優異與混水摸魚的員工,在本薪、紅利或是股票選擇權上幾乎一視同仁。

包熙迪：在我所見到缺乏執行力的公司中，許多都是因為不會評鑑員工，不懂得論功行賞，也不提拔有工作績效的優秀人才。工作表現最佳與最差的人員之間，調薪幅度相差太少。不論是獎金、股票選擇權或股票分紅，都因差異不大而看不出效果。主管必須要有勇氣對員工解釋，為什麼他拿到的獎勵不如預期中那麼好。

傑出的領導人必須在企業中明定論功行賞的原則，讓全公司都能認同，成為一種基本的生活態度。否則，員工可能會認為自己有如身處吃大鍋飯的社會主義制度中，這可不是一個推崇執行文化的企業裡該看到的現象。你必須讓所有人明白，唯有績效優良的員工才會受到獎勵與尊重。

在第四章，我會提到為什麼許多企業不論功行賞，有執行力的企業又如何與此恰恰相反。

▶ 傳授經驗以提升員工能力

身為企業主管，你在工作多年之後，一定累積了許多知識與經驗 —— 甚至是智慧。你最重要的任務之一，就是將這些功力傳承給準備接班的下一代領導人。如此一來，方能提升所有員工獨立作業或共同合作的能力。這麼做不但能讓你及時看到成效，甚至他日不在其位後，你所引以自豪的經驗仍然會在原單位傳承下去。

> 傳授經驗的技巧首重發問的藝術。提出一針見血的問
> 題，能迫使受教者去思考、反省與發現。

　　傳授經驗是幫助別人提升能力最重要的一個環節。俗語
說：「送人一魚，飽餐一日；教人捕魚，終生不饑。」這句話
說的就是傳授經驗的重要性。命令別人做事與指導他們如何完
成工作，其中有極大的差別。優秀的領導人會善於利用每一次
見面的機會來傳授經驗。

　　夏藍：最有效的指點方法是先觀察受教者的工作方式，
再針對個人做出適切的指導。指導時應該以此人的工作表現為
實例，指出何者為優，何者尚待改進。

　　當領導人在集體會議的場合中，與大家討論有關業務與
組織的問題時，在場的每一個人都能夠得到收穫。集合眾人智
慧來辯論具有挑戰性的議題，徹底探討正反兩方的見解，最後
得到一項最合理的結論。這種經驗可以讓個人與團體的能力都
獲得提升，當然討論時要以真誠互信為前提。

　　傳授經驗的技巧首重發問的藝術。提出一針見血的問
題，能迫使受教者去思考、反省與發現。我曾經參與一家美國
大型跨國企業所舉行的計畫檢討會議，在其中觀察到以下的例
子。該公司最大事業部之一的負責人提出一項策略，可將歐洲
市場的占有率從第三名提升到第一名。這是一個野心勃勃的計
畫，其中關鍵在於是否能大幅提升在德國的市占率。執行長聽
完簡報後稱讚道：「這是非常精采的簡報。」然而他也指出，
該事業部在全球最強勁的競爭對手，其母公司正位於德國，規

模有我們的四倍大。執行長問道：「你要如何增加市場占有率？哪一類客戶是你計劃爭取的？你要用什麼產品與競爭優勢來擊敗德國對手，長保市場占有率？」

事業部的負責人對這些問題無言以對。於是執行長轉而評估組織本身的實力。「你有多少業務員？」他問道。「十個人。」負責人回答。「主要對手又有多少業務員？」答案是——我幾乎快聽不到他的聲音，而且他突然顯露局促不安的神情——「兩百人。」執行長最後的問題是：「你手下德國分公司的主管是誰？他不是剛由別的部門調來不久？他和你之間還隔了多少層級？」

這位執行長只提出幾個簡單的問題，就暴露出策略中的弱點，也是日後執行上必然招致失敗的關鍵所在。

許多執行長往往會就此打住，讓公司負責人事後感到壓抑與挫折。如此一來，執行長就會喪失一次重要的機會，無法傳授經驗給在座的主管，幫助他們及企業成長。而這位執行長可沒有浪費機會，他提問的目的是要指導團隊如何做出務實的計畫。

執行長剖析道：「也許還是有辦法讓這個方案能順利運作。我們無須全面出擊，何不區隔市場，找出競爭對手比較脆弱的環節，以快速的行動力勝過對方？他們的產品線有哪些缺口？我們是否能研發出填補缺口的產品？又該如何找出需要這些產品的客戶，針對他們來加強業務推展？」

　　會議結束時，事業部負責人對這些充滿挑戰性的問題躍
躍欲試，也同意重新思考整個計畫，在九十天後提出更可行的
修正方案。在場每一個人也都學到了重要的一課，了解如何剖
析策略流程。

■　　■　　■

　　私下指導某一個人的時候也可以採行相同的原則。不論
你的態度是溫和或強硬，最重要的是詢問一些能讓真相浮現的
問題，並且提供協助以修正謬誤。

　　包熙迪：假設你的下屬查理不但達成各項業績數字，而
且每次都能完成任務，只是行事風格令人不敢恭維。他要員工
一個禮拜上七天班，動不動就對他們吼叫，還不肯雇用女性。
你把他叫來說：「查理，我很看重你，可是你已經搞得天怒人
怨，後果很難收拾。我想員工早已受夠了你。我給你幾個選
擇：我可以當你的教練，親自和你對談，而且你一定得改正自
己的行為。否則你永遠升遷無望，或者必須離職。」

　　或許查理會辯稱自己的作為並沒有那麼糟糕，於是你提
出證據：「好吧，有十個人投訴你，難道他們都錯了？你沒有
強迫他們週末加班？根據簽到簿來看，你部門的所有員工禮拜
六、日都在公司加班。記得我曾經向所有員工宣布過：『我不

想看到你們每個星期日都待在公司。」你認為我是言不由衷
嗎？」「不是。」「那麼我們看看你該怎麼解決問題。目前還
不到不可收拾的局面，不過你得及早處理。」

許多類似查理的主管在這種狀況下會修正自己的領導風
格，有些人則依然故我。遇到不知反省改正的部屬，只能請他
另謀高就，否則長此以往，將嚴重影響員工士氣。所以，我們
不能只看業績數字，行為問題同樣重要。

訓練課程也是提升員工實力的重要環節，前提是方法必
須正確。許多企業對課程內容毫無選擇，提供太多有關管理與
領導的各式教材，也讓許多與管理無關的員工去接受這些訓
練。

以我所知的某家公司為例，每一位表現良好的經理都要
參加主管培訓方案，對其中50％的人而言，這絕對是浪費時
間。你必須評估與篩選哪些員工適合接受此項訓練課程，可以
從中學到有用的東西，也必須釐清舉辦這些訓練課程的具體目
的何在，如此一來才能有效提升企業的整體實力。

漢威聯合的員工進修策略，基本上是以與工作相關的組
織能力為主。其中包括執行計畫時必須掌握的工具 —— 六標準
差、數位化、原料流動的管理等。有些課程層次更高，是要以
培訓主管為目的。這時最佳的學習方式，就是去實地解決企業
真正出現的問題。通常我們會提出公司面對的三、四項課題，
將受訓者分成幾組，讓他們去嘗試解決。

> 缺乏所謂的情緒韌性，你將無法誠實面對自己、企業
> 以及組織的真相，也無法坦率地提供別人有關公司的
> 評量資料。

別忘了，80％的學習來自課堂之外。企業中的每位主管與領班都應該身負傳授指導之責；至於正式的訓練課程，則應該讓員工學習工作中要用到的各種方法。

▶ 了解自我

領導一家企業需要具備堅強的性格，對於這點，每個人都能侃侃而談。在實際執行時，堅強的性格更是不可或缺。缺乏「情緒韌性」（emotional fortitude），你將無法誠實面對自己、企業以及組織的真相，也無法坦率地提供別人有關公司的評量資料。你無法容忍員工有多元的觀點、思想與成長背景，殊不知這正是使組織免於故步自封所必需的條件。如果達不到以上要求，你就不可能有很高的執行力。

情緒韌性讓你能廣納你所需要的任何資訊，不會受限於個人好惡；讓你有勇氣接納不同的反對意見，化解矛盾與衝突，有信心鼓勵並接受來自各部門的挑戰；讓你接受並正視自己的弱點，同時在懲戒失職員工時態度堅定；也讓你在快速變動、架構複雜的企業中，胸有定見地日理萬機。

夏藍：你當然看得出來，最佳的企業領導人不見得是全公司最聰明的人，或是最熟知公司業務的人。究竟他們具備何種特質，才能比其他在特定領域更傑出的專業人才更充滿領導

人的自信？也許從以下案例能找出答案。

我曾經與一家大型企業的執行長共事，此人缺乏強勢領導人所必備的特質。他手下有兩位執行副總裁，其中一位負責全公司60％的業務，與執行長共事多年，是一位忠心耿耿的老屬下，缺點是保守怕事。執行長對副總裁的弱點知之甚詳，卻始終做不出撤換的決定。（執行長不是頭一次面臨這樣的局面而未能有所行動；上回是由別人出面收拾殘局。）最後董事會出面，要求執行長開除副總裁。至此，決策權等於轉移到董事會手中，而無可避免的，不久後這位執行長本人也離開了。

這位執行長非常聰明，待人很和氣，對本身業務也十分嫻熟。然而，他缺乏情緒韌性，無法當機立斷，明快處理副總裁不適任的問題。根據心理學的研究結果，有些人的確因情緒障礙而限制，甚至戕害自己的能力，以致無法做出領導人該做的事。這類情緒障礙會讓他們迴避不愉快的場合，不是規避衝突、拖延決策，就是授權給部屬處理又不追蹤監督。更負面的領導風格甚至可能會羞辱他人，導致員工士氣低落，也製造不信任感。

■　　■　　■

情緒韌性來自自我反省與自我控制，也是人際關係的基礎所在。優秀的領導人能不斷省視自己的優缺點，更會從與人

相處中了解自己，從而強化優點，改正缺點。領導人使別人心悅誠服，是由於大家感受到他內在的修養與自信，同時還有能力協助團隊成員完成任務並提升實力。

一個可以長期鞏固領導地位的人，內心必定秉持某些道德規範，才能在面對最艱困的任務時，仍然不會喪失堅持到底的力量。他擇善固執的態度絕對不會動搖。這種品格超越了誠實、正直、尊重他人等美德，可稱之為企業領導的道德。

在現代企業的組織中，領導人本身的性格缺陷或許能瞞得過一時，但無法長久遮掩。因為他們無時無刻都會遇到挑戰情緒韌性的事件，無法面對挑戰的人就不能成事。事情能否順利完成，最終乃取決於是否確實執行某些特定的行為；然而，缺乏情緒韌性的人，往往很難讓自己或別人去做到這些行為。如果組織的員工彼此爾虞我詐，而領導人又怯於正視，不解決衝突，或者不喜歡表達與接受逆耳的忠言，又怎能奢求組織有務實的行事態度？如果團體的成員不具備情緒韌性，願意承認自己並非萬能，這個團體怎能改正錯誤、追求更佳的表現？

要做到知人善任，領導人更需要具有情緒韌性。許多企業遲遲不處理績效不佳的員工，其中癥結往往就在於領導人的情緒障礙。再者，缺乏情緒韌性也可能讓你無法雇用最佳人選來替自己分憂解勞。因為如果你有幸能找到能力勝於自己的下屬，便可以為組織注入新的觀念與活力。然而，內在修為不夠的主管畏懼權力被人瓜分，會避免雇用這樣的人才。他的心思

都放在如何確保自己岌岌可危的勢力上，身邊的人必須忠心不二，至於有創新思維且勇於向他挑戰者則一律排除在外。這種性格上的弱點很顯然會使公司與他自己都難逃失敗的命運。

如果團體的成員不具備情緒韌性，願意承認自己並非萬能，這個團體怎能改正錯誤、追求更佳的表現？

我們從在企業界多年的工作經驗與仔細觀察，整理出情緒韌性的四項核心特質：

真誠（Authenticity）：這是一個心理學上的用語，涵意十分易懂，就是真實、不虛偽。表裡一致，不戴上偽裝的面具；誠於中而形於外，心口如一。唯有真誠的人才能使人信賴，偽裝者的面具總有一天會被拆穿。

不論你口頭上如何宣揚領導風格，員工還是默默觀察你的實際作為。一旦察覺你言行不一，最優秀的員工會對你失去信心，最劣質的一群人則會有樣學樣，剩下的大部分員工只好在勾心鬥角的工作環境中尋求自保之道。如此一來，工作中便會到處充斥著障礙，很難做好任何事情。

自我了解：「了解自己」是非常古老的箴言，也是能否做到真誠無欺的核心所在。唯有認清自我，方能從容運用自身的長處，避免受限於自身的弱點。你要能明白本身行為的盲點與情緒的障礙，並且有因應之道——截人之長，補己之短。自我了解讓你不論成功或失敗都能從中學習，不斷充實成長。

在重視執行的企業文化中，自我了解的能力尤其重要，

唯有如此才能讓員工徹底發揮所能。很少有領導人完美到既知人善任，又長於策略規劃，還能嫻熟於指揮日常營運，兼顧到與客戶溝通，並且有本事完成職務範圍所需的一切事項。然而，你若是明白自己的不足之處，至少可以特別留意並加強那個部分，從公司或單位中尋求協助。透過這種做法，你可以及時獲得完成任務必要的協助。一個不知道自己不足之處的人，根本無法做到這一點。

　　自我掌控：有了自知之明後，才能進一步掌控自我。你會收斂自我中心的想法，為自己的行為負責，跟上變化的步伐，接納新觀念，同時在任何環境下都堅持誠實與正直的行事準則。

　　自我掌控是建立真正自信心的關鍵所在。這種自信心真誠而正向，絕非為遮掩自己的心虛或缺乏安全感 —— 後者這種人的態度不是矯揉造作，就是全然傲慢。

　　自信心良好的人在對話時最能發揮貢獻。內在的安全感使他們自有一套面對不熟悉的事物的方法，並能擬定出相關的必要行動。他們知道自己並非萬能，所以時時保持求知慾，並且鼓勵能激發出相反觀點的討論，創造相互學習的工作氣氛。他們勇於承擔風險，喜歡任用比自己聰明的人。如此一來，當工作遇到問題時，他們不會滿腹牢騷，也不會四處抱怨或自覺委屈。他們知道自己有能力克服問題。

　　謙虛：一個人愈能克制自我，就愈能以實事求是的態度

面對問題。你了解自己並非無所不知,學會如何聆聽別人的觀點,任何人在任何時刻都可能成為你學習的對象。你不會因驕傲而不去廣納資訊以尋求最佳方案,也不會獨占功勞而拒絕與他人分享榮耀。謙虛能使你坦承錯誤。每個人都會犯錯,然而好的領導人不但知錯能改,還能從中汲取教訓,讓經驗成為日後決策過程中的參考基礎。

包熙迪:相信我,沒有任何領導人是完美無瑕的。一個

情緒韌性

何謂「情緒韌性」(emotional fortitude)?

不受限於個人好惡,能接納不同意見,也能正視自己弱點的能力;在懲戒失職員工時態度堅定,在複雜且快速變動的環境中胸有定見、日理萬機的能力。

情緒韌性的四項核心特質:

1. **真誠**:以真實、表裡一致的態度取得員工的信任。

2. **自我了解**:唯有認清自我,方能從容地運用自身長處,並避免為自己弱點所限。

3. **自我掌控**:收斂以自我為中心的想法,為自己的行為負責。時時保持求知慾,鼓勵員工提出相反的觀點,創造相互學習的工作氣氛,喜歡任用比自己聰明的人。

4. **謙虛**:了解自己並非無所不能,學習傾聽並以他人為師。不獨占功勞,與他人分享榮耀。

> " 當別人犯錯時，光是責罰於事無補，反而應該藉機指
> 導與鼓勵，令他們重拾自信。 "

人必須從失敗中學習經驗。洋基隊（Yankees）經理托瑞（Joe Torre）在職場生涯中被解雇過三次，如今卻成為美國職棒界偶像級的人物。由此可見他由一路走來的經驗中獲益不少。

奇異公司前執行長威爾許在《jack：20世紀最佳經理人，第一次發言》（*Jack : Straight from the Gut*）一書中，坦承在職場生涯初期曾犯下許多用人不當的錯誤，同時也靠直覺做出不少決策。不過，只要得知自己有錯，他會立刻承認：「這是我不對。」接下來他會反躬自省錯在何處，聆聽別人的看法，吸收更多資訊，直到找出真正的答案。在這樣的磨鍊下，他的表現愈來愈出色。他也領悟到，當別人犯錯時，光是責罰於事無補，反而應該藉機指導與鼓勵，令他們重拾自信。

■　■　■

你是否已在培養這些特質？當然，市面上有許多討論這類主題的書，有一些會很有幫助。包括奇異公司與花旗集團（Citicorp）在內的許多公司，在領導人才的培訓課程中，都有包含自我評量的工具。

然而，最根本的學習之道來自留心看待經驗。工作時如果能記取自己以往的經驗，或是接受他人經驗的傳授，都能協助排除心理障礙，強化情緒韌性。有時候，我們可以由觀察別人的行為得到領悟，你會發覺自己似乎也有同樣的毛病待糾

領導人的七大重要行為

1.了解你的企業與員工

領導人必須掌握企業營運的真實情況，並多與員工互動，以培養對企業各種狀況的直覺感受力。

2.實事求是

領導人必須以務實的眼光來審視自己的企業，並和其他企業及現實情況做比較，來衡量自己的進步程度。

3.訂定明確的目標與優先順序

要讓大家的焦點集中於少數幾項應優先執行的重點，並讓大家都能清楚掌握，以使企業資源的運用獲得最佳成效。

4.後續追蹤

領導人必須要貫徹後續追蹤，並且訂定後續追蹤的方法。

5.論功行賞

領導人必須按績效來給與報酬，並有勇氣對員工解釋，為什麼他拿到的獎勵不如預期中的好。

6.傳授經驗以提升員工能力

領導人應先觀察受教者的工作方式，再針對個人給與適切的指導。而提出一針見血的問題，更能迫使受教者去思考、反省與發現。

7.了解自我

誠實地面對自己、企業以及組織的真相；容忍員工的多元觀點、思想與成長背景。

正。不論經由上述何種方式，你都可以累積自我評量的經驗，並透過自己的洞察力提升個人的實力。

這種學習並非智力的練習，而是需要執著、持續和時刻用心。你必須反省並修正自己的行為舉止。根據我的經驗，只要肯開始進行這種學習，你的潛能將會無限地成長。

企業領導人的一舉一動，最終就代表公司的行為，因而也構成了企業文化的基礎。在下一章中，我們將介紹一個能改變企業文化的新架構。

第四章

改變文化，
讓公司動起來

當企業狀況不佳時，領導人常會想到要改變公司的文化。這個思考方向相當正確，因為體認到「軟體」——人的信念與行為——至少和組織結構等「硬體」同等重要，甚至猶有過之。單靠策略或結構的改變，對公司只能達到一定程度的影響。一如電腦未搭配適當的軟體就毫無功用；組織的硬體（策略與結構）如果沒有軟體（信念與行為）配合，也會運作遲鈍。

▶ 如何變革成功

企業文化變革的努力多以失敗收場，原因在於未能與績效改善相互連結。文化變革的理念與工具往往模糊不清，又常和策略與營運的現實情況脫節。其實要改變企業文化，必須藉一組流程——社會運作機制（social operation mechanism）——以改變員工的信念與行為，使其直接連結到企業的經營成果上。

本章將介紹一個以現實為基礎的文化變革新架構，有助於創造並強化執行的紀律。這種方式相當實用，而且能完全與可測量的經營成果連結起來。

我們的基本思維很簡單：唯有以執行為標的，文化變革才能成真。這個架構應用起來，不需要一大堆複雜的理論，也不必進行員工調查；只需改變員工的行為，使他們能自然而然

改變企業文化的五大要訣

1. 從員工的信念及行為著手。
2. 將報酬與績效做連結。
3. 透過社會運作機制,建立共識。
4. 展開坦誠、公開、形式不拘的強力對話。
5. 領導人要以身作則。

地產生成效。首先,必須清楚告知員工你希望獲得什麼成果。
其次,員工完成目標時應給予獎勵;而未能達成目標時,你可
以加強指導、撤銷獎勵、調派其他職務,或請他們走路。如果
能做到這些,你就可以創造一種執行的文化。

夏藍:最近某家列名《財星》二十大的企業新成立一個
事業部,我恰好有機會在他們開會時從旁觀察。這個事業部是
二○○一年公司在購併同類型產業的兩家公司後新成立的,員
工近兩萬人。這次會議是新領導團隊成立後的第二次會議,中
心議題是如何創造新文化以改善低落的績效,因為該事業部的
資本報酬率不到6%,股價也大幅下滑。新任執行長與領導團
隊都清楚,雖然購併的綜效(synergies)節省了成本,但尚不
足以展現出類拔萃的成績。

這兩家被併購的公司文化,並未要求員工為自己所許過
的承諾負責。在團隊合作方面,兩者的管理團隊也都表現不

佳。舉例而言，兩家公司都未能比競爭者早一步降低物流成本，以致市占率與投資報酬率下跌。雖然物流部門主管明顯失職，卻仍然領到和管理團隊其他成員一樣的報酬。

新事業部曾與一家專精文化診斷的人類行為顧問公司簽約，對員工進行一項調查，並以調查結果進行標準的文化分析。調查過程中詢問員工五、六十個問題，包括公司的價值（正直、誠實等等）、決策風格是專制或民主、權力如何分配等。雖然經由分析結果完成了合乎規格的報告，但其中完全未觸及該事業部應「如何」在信念與行為上採行不同的做法，才能獲致傑出的績效。

會議的討論漫無頭緒，最後執行長終於發揮她一貫追根究柢的精神介入其中，開始提出正確的問題：「如果我們想改變公司的文化，那麼接下來該問什麼問題？」

一位團隊成員提出下面的問題做為回應：「公司文化要如何改變？」另一位成員說：「讓公司文化變得更好。」接著又有人問：「從什麼狀況變到什麼狀況？」於是討論就此順利展開。

執行長將大家分為六人一組，要求每組就「從什麼狀況改變成什麼狀況」提出十個答案。結果各組寫出來的都是一些虛矯的字眼：「從缺乏績效的文化到績效明顯的文化」、「從停滯不前到持續進步」、「從本土到全球導向」。這些回答顯然不夠具體明確。

執行長再度介入，要求各組的答案更具體一點，還要找出一則能讓各部門關鍵人物的行為大幅改變，並發揮上行下效作用的變化。結果大多數人都無法達到這麼具體的地步，因此執行長又進行下一個步驟：她將團隊劃分為兩人一組，每組必須提出一項看法，說明公司當前文化的缺失以及在未來應有的改善。

　　結果大家同意，權責不明應該是最需要改變的重點。於是執行長問道：「該由哪裡著手？」回答是：「由這個團隊開始。」執行長又問：「你們大家都同意每個人都負起責任嗎？」一片愕然的靜默。執行長再問道：「如果你們自己不以身作則，又怎麼能寄望部門裡其他人會改變？」這時候已不再需要任何回答了。

　　最後一個問題是：「我們團隊的行為改變之後，接下來該做什麼？」人力資源部主管說：「讓兩萬名員工都知道這件事。」執行長問道：「這樣做怎麼能使人改變呢？單單這樣做是沒用的。真正有效的是養成負責的習慣，而且就由這個團隊開始。等我們每個人都能做到權責分明，下個階段就是讓事業部的三百位經理人為他們本身的績效負責，否則他們手下的三千名領班與一萬七千名員工將無法感受到執行的文化與紀律。」接下來他們就討論具體的行動步驟，將權責分明的精神注入高階主管及其直屬的三百名經理人的文化中。他們擬定後續追蹤與溝通的方式，並以考核個人績效與行為做為獎勵的標

> 光是思考，不會找到新的行動方式；要行動，才能找
> 到新的思考方式。

準。對每位管理團隊成員而言，直屬員工能否盡責，也是評量
其行為的標準之一。

■　■　■

▶ 從信念及行為改變企業文化

近年流行的一句話是這麼說的：「光是思考，不會找到
新的行動方式；要行動，才能找到新的思考方式。」

要藉行動找到新的思考方式，得先明白「文化」一詞的
意義。一個組織的文化，就其本質而言，乃是組織員工所共享
的價值觀、信念與行為規範的總和。有心改變某種文化的人，
往往最先提及要改變價值觀，其實這是放錯了焦點。價值觀
── 基本的原則與標準，如誠信、以客為尊或是奇異公司標舉
的「無遠弗屆」（boundarylessness）等 ── 可能需要強化，但
極少需要改變。如果員工，特別是位居最高層級者，違背了公
司的基本價值觀，領導人必須出面公開譴責。

會影響特定行為的信念，才是比較需要改變的部分。這
些信念會受到各種因素的制約，如學養、經驗、有關公司前景
的傳言、對領導人言行的觀感等。只有新證據出現，而且足以
充分證明原有信念錯誤時，人們才會改變信念。例如，如果公
司員工都相信自己所處的是一個沒有成長遠景的成熟產業，就

不會花太多時間與精力尋找成長機會；如果他們認為少做事也
能拿同樣的報酬，工作的熱誠就會受到影響。

我們前面提過的EDS執行長布朗，他加入EDS之後的首要
工作就是專注在員工的信念與行為上，以改變公司的文化。二
〇〇〇年一月，在一次高階主管會議上，布朗要求與會者列出
過去五年形成公司自我形象認知的最重要信念，同時也要求他
們由公司未來發展的角度著眼，列出最需要的一些信念。結果
大家透過小組討論，得到下列的項目。

EDS的舊信念

- 我們屬於大量生產的企業。EDS所處的電腦服務外包
  業，是一個成長緩慢的成熟產業，特性為競爭激烈、
  差異小，因而利潤率偏低。
- 我們的成長不可能達到市場的平均水準。身為大量生
  產行業中最大的廠商，EDS很難達成高獲利成長。
- 有收入才有利潤；業務做得愈大，利潤總會多少跟著
  來（這個信念必然導致資源配置不當）。
- 每位主管擁有所有的資源 —— 控制權是關鍵。每一部
  門都完全自主，各自保衛自己的地盤（這個信念使企
  業各部門間無法互助合作）。
- 同事就是我的對手。（這個信念和上面控制資源的信

念一樣，也會成為成功的重大阻礙，因為內部的競爭行為具有破壞性。我們的對手應該在外面的市場上，而不在隔壁的單位裡。為了成為市場贏家，團隊精神、知識分享、互助合作都絕對是不可或缺的。）

- 別人都不負責任（「那可不是我的錯」）。
- 我們懂得比客戶多。
- 我們的員工會告訴客戶他所需要的解決方案（這個信念使EDS員工不能認真傾聽客戶的問題與需求）。

EDS的新信念

- 我們可以比市場成長得更快 —— 不但獲利，而且有效率地運用資本。
- 我們可以逐年提高生產力。
- 我們會為客戶的成功全力以赴。
- 我們會提供卓越的服務。
- 互助合作是我們成功的關鍵。
- 我們將做到權責分明與全力以赴。
- 我們會更用心傾聽客戶的話。

第二份清單變成了一項改變態度的方案，實施對象除了最高階主管，還包括EDS各級主管。

　　行為是將信念轉化為行動，透過行為才能產生成果，讓
該發生的事情發生。不過，我們談到行為時，比較強調的不是
個別的行為，而是行為的規範：亦即在公司環境中，符合常軌
的行為方式，也有人將之稱為「參與的法則」（rules of en-
gagement）。這些規範談的是員工該如何共同工作，對公司能
否創造競爭優勢具有關鍵性的影響。

▶ 報酬與績效的連結

　　改變行為的根本之道，在於把報酬與績效連結起來，並
且讓兩者間的關聯變得清晰透明。透過企業文化，可以界定哪
些事項會受到肯定與尊敬，乃至獲得報償；也讓組織的員工了
解公司所重視與認可的事項。如果員工希望自己的職場生涯更
成功，就應該特別下工夫。如果員工的獎懲升遷都是依據他的
執行力，公司的文化自然會隨之改變。

　　有太多公司在報酬與績效的連結上表現不佳，原因何
在？

　　夏藍：雖然有不少公司領導人在連結報酬與績效上相當
成功，但也有太多人的表現不夠稱職。我們一再看到，有些領
導人喜歡給予獎勵，喜歡受人愛戴，但他們卻沒有足夠的情緒
韌性，能對員工誠實表達自己的看法，並適當地給予獎懲。他

們延遲推託，表面上敷衍，或是找出種種藉口。有的領導人甚至會創造出新職位來安插績效低落的員工，這樣的舉動當然會令底下的人感到相當困惑。

EDS對此有截然不同的做法，布朗採取迅速的行動，明確做到讓績效優良者獲得更多報酬。權責不清過去曾是公司的重大問題，領導階層也都心知肚明。一位主管回想起當時的情形：「績效不佳不會對你有什麼負面的影響。而且，不只沒有負面影響，如果你屬於某個有力的小圈子，即使你做了對公司不利的行為，也根本沒有負責的問題。」另一位主管還插了一句：「反正永遠是別人的錯。」

布朗制定了一套評量系統，按五等分方式評比所有的主管，並據此給予獎勵。這種做法類似威爾許在奇異公司所施行的「活力曲線」(vitality curve)，將員工區分為A、B、C三級。

用這樣的制度來評比員工，如果經理人設計與執行不當 —— 例如，任意據此挑出特定百分比的員工，強迫他們離職 —— 就很容易引發爭端。如果在制度設計上能輔以額外的經驗傳授，讓表現不佳者有機會改善，那麼對協助建立以成果為導向的文化將大有助益。這個流程必須具有正直無欺的特性：蒐集與運用的資訊必須正確，並且以行為與績效準則為基礎。領導人應該給予員工誠實的評語，尤其是對那些排名敬陪末座者。

布朗的做法正是如此。舉例而言，他曾提及：「第一年

有個人過來告訴我：『你的制度有問題。去年我的評比成績非
常好，今年我還是一樣做事，績效也維持同樣的水準，可是評
比成績卻很差。』我回答他：『我可以給你答案。可能的原因
有兩個：一是你去年的表現其實並不如想像中那樣好；另外，
就算你去年真的表現很好，今年也維持同樣的水準，這代表你
並沒有進步；如果其他人今年都有進步，你的評比自然會變
差。你該知道，EDS不斷在改善，每位員工也都在自己的職位
上力求改善，如果你還是原地踏步，就會落到後頭。』」

　　EDS也將個人行為納入評估獎勵的標準中。舉例來說，新
企業模型能否成功，互助合作具有重要地位，但EDS的舊制度
中幾乎看不到互助合作的行為。因而EDS在現行的主管獎金部
分，就特別針對他們與別人共事的表現進行評量與獎勵。假設
包勃開發了一位客戶，但是基於提供更佳服務的考量，他將這
位客戶轉介給另一部門的琳達。他的自我犧牲在績效評估時會
納入考量，主管在決定他的紅利時也會注意這點。銷售人員提
供給其他業務部門的商機，都會獲得特定的獎勵。

　　無論採取什麼方式來決定員工的報酬，目標都是相同
的：讓薪資制度發揮適當的效果。你應該獎勵的並非只有員工
在數字上的優異成就，還應包括員工真正表現出來的優良行
為；你應該設法增加A級員工（也就是行為與績效俱佳的員
工）的數目，並開除缺乏績效者。如此，經過一段時間後，員
工會變得更優秀，公司獲利也將更為提升。

　　包熙迪：你採用什麼做為衡量的標準，就會得到什麼樣
的成果，這是一個直截了當的過程。每一個新的年度，我都會
致函漢威聯合各事業部的業務與行政主管，告知：「我們協議
過，以下是你今年的目標。」第一部分是財務目標，可能是營
收的成長、所得、現金流量、生產力或其他變數，視業務性質
與我們在特定期間內希望完成的任務而定。這些目標會根據業
務性質而斟酌權衡。例如，若某一業務部門有四項新產品待開
發，我會降低它營收成長與生產力的目標，提高引進產品的目
標。

　　第二部分是其他目標，兼顧本年度以及長期的工作。這
類目標範圍廣泛，可能由建立六標準差的實行架構到打入特定
市場等無所不包。我們會在管理資源評估中，每年就績效與潛
力進行兩次正式評量，然後將評量結果與薪資連結起來。

　　每一事業部的總裁都會為其直屬人員設定一些特定目
標。他們每個人的財務目標可能相同，但非財務目標則各有不
同 —— 譬如建立更堅強的組織、找尋因應多元化形勢的對策、
或是其他各項關鍵課題等。你應該在股票選擇權、紅利與調薪
上做到差異化（differentiation），因為差異化乃是建立績效文
化的源頭。對公司最高階的二百五十名主管，我採用的是股票
選擇權。雖然我們的本薪在業界還算不錯，但如果你要在漢威
聯合賺大錢，還是得靠選擇權。不過，選擇權的運用也並非一

成不變。例如，我手下有位幹練的專業人員，雖然工作表現不錯，但未能展現進一步的潛力，我會發給他可觀的現金紅利，但股票選擇權就給得少一點，有可能完全沒有股票分紅。至於另外一位員工似乎深具潛力，如果她在某年未達到我理想中的目標，我會少發給她現金，不過有鑑於她是公司未來的重要資產，我會繼續以股票選擇權激勵她。

我們應盡可能獎勵員工全力以赴，如此才能形成一種績效文化。以下就是一個實例：二〇〇二年因整體經濟情勢不佳，許多公司發放的紅利為數甚少，甚至掛零。我們公司的航太事業部門由於九一一恐怖攻擊的影響，受創格外深重，大多數業務項目的績效都比不上前一年度。不過，我們在評量員工績效時，考量的是他們在這種情勢下相對於業界競爭者的表現如何。如果他們的表現比對手好，還是可以領到紅利。

■　■　■

將報酬與績效連結起來，是創造執行文化不可或缺的條件，不過單靠這點還不夠。我們經常會看到一些強悍的新領導人，為了推動績效文化，訂下許多嚴苛的績效標準，然後就站到一旁觀看情勢發展。他所傳達出來的訊息就是留不留在這間公司隨你。有不少人會就此消失不見，然而公司也可能會一起賠了進去，就像第一章提過日光公司與鄧洛普的例子。

　　他們忘記了一個重要步驟，那就是協助員工去熟悉受
到肯定的新行為。

　　還有些領導人雖會針對合乎執行文化的新行為設計獎勵
方式，在施行時卻失之草率。他們忘記了一個重要步驟，那就
是協助員工去熟悉受到肯定的新行為。這些領導人並未提供經
驗傳授，指導一些不知如何著手的員工將一個重要概念分割成
一些較小的重點任務，以便在短期內執行。他們不會和員工進
行對話討論，好讓事實浮現，也不會教導員工如何思考，或是
把重要的課題彰顯出來。

　　　　　　　　■　　■　　■

　　他們遺漏的那個部分，我們稱之為執行力的社會軟體
（social software of execution）。

▶ 執行力的社會軟體

　　夏藍：你是否參加過一些會議，其中每位與會者最後好
像都同意該採取什麼行動，但到頭來卻沒有達成多少具體的成
果？在這些會議裡不見劍拔弩張的討論，也沒有人陳述自己的
疑慮，大家只是讓自己不喜歡的方案慢慢地無疾而終。

　　在我擔任許多大公司及其領導人的顧問生涯中，目睹過
不少上述的情況，有時還發生在最高領導階層，由於沉默的謊
言與缺乏意見表達，以致產生虛假的決策。所謂「虛假」，是

指一些未說出口的因素或是怠於行動,讓決策最終根本無法完成。在個人互動的層次上,我們同樣可以看到類似的問題,使得應有的結果無法出現。身負決策與推動之責的人彼此無法溝通合作,他們憚於階級分明的團隊運作方式,又受制於形式主義與缺乏互信,所以只是僵化地陳述自己的見解,根本不具有說服力。正由於缺乏情感的投入,這些計畫推動者也就不會果決地採取行動。

這種不良的互動往往充斥於公司大大小小的決策過程中,鮮少只是單一的個案。缺乏果決的行動 —— 導致執行力欠缺 —— 深植於公司文化中,看在員工眼裡,自然會覺得公司似乎對改革並不熱中。

這裡的關鍵字眼是「似乎」,因為領導人既然創造出優柔寡斷的文化,便能打破這種文化。他們所能運用的主要工具就是組織的社會軟體。

和電腦一樣,公司也有硬體與軟體。我們稱公司的軟體為「社會」軟體,因為任何兩個人以上的組織都算一個社會體系。

硬體部分包括組織結構以及獎勵、薪資與懲戒制度,還有財務報表的設計及其流程。另外,溝通系統也是硬體的一部分。此外,還包括權力分布的層級,讓分派任務與核可預算的權限透明化、正規化,有規矩可循。社會軟體則包括價值、信念、行為規範,以及所有不能列入硬體的項目。和電腦軟體一

樣，公司的硬體必須有社會軟體才能發揮作用，成為可運作的系統。

公司在組織結構上會區分為不同的單位，以進行不同的工作。然而，結構的設計固然重要，卻有賴軟體將公司整合為一個團結而步調一致的整體。軟硬體的結合創造了社會關係、行為規範、權力關係、資訊流動與決策流動等等。

例如，基本的獎勵制度屬於硬體部分，因為它是計量性質。你達成了目標數字，獎勵制度就會按照某種公式計算你應得的獎勵，接下來你就會收到支票。不過，如果公司要獎勵的是其他行為 —— 六標準差的成績、改善團隊表現的多元性，或與同事間的團隊合作 —— 就需要加入軟體部分，因為受獎勵的行為規範，需靠軟體來界定。領導人若是破格獎勵高績效或高潛力的人員，便是在創造一種足以驅策員工行為的社會軟體：員工會更努力工作，以製造自己與別人之間的差異。

■　■　■

社會軟體的一個關鍵成分便是「社會運作機制」（Social Operating Mechanisms），包括正式或非正式的會議、簡報，乃至便箋或電子郵件 —— 即任何有對話發生的地方。它們之所以是運作機制，不僅僅具有會議性質，主要有兩個原因。第一，它們具有整合性，橫跨組織內部，打破單位、功能、學

科、流程、階層之間的隔閡，甚至超越組織與外在環境之間的藩籬。社會運作機制能創造新的資訊流動以及新的工作關係，使平常沒有太多接觸機會的人得以交換彼此的觀點，分享資訊與想法，並且學習由整體的角度來了解公司，從而達到透明化以及齊一的行動。

其次，社會軟體中的信念與行為會在社會運作機制中持續不斷表現出來，主管們的信念、行為與對話模式也由此散布於組織之中。有些主管會將這些信念與行為帶入較低層級的正式或非正式會議，乃至於他們所參與的各種互動中，如對下屬的指導與反饋等。於是，這些信念與行為也就成為「他們的」社會運作機制，如此一直向下發展下去。

各項社會運作機制相互連結，並與評量及獎勵制度連結起來，就共同構成公司的「社會運作系統」（Social Operating System），從而推動公司的文化。舉例來說，在人員、策略與營運三項流程內，由公司最高領導人共同參與的評估會議，便是公司主要的社會運作機制；而這三項流程結合起來，就構成公司的社會運作系統。

奇異公司的成功，高度發展的社會運作系統居功厥偉。奇異主要的社會運作機制計有每季一次的公司主管會議（CEC）、年度領導與組織檢討會（Session C）、每年兩次的策略與營運檢討會（S-1與S-2），還有每年在佛羅里達州波卡拉頓（Boca Raton）舉行的年度會議（Boca），由營運經理人

共商來年方案或修正現行方案。

在為期兩天半的公司主管會議中，奇異的三十五位最高領導人共聚一堂，對本身業務以及外在環境進行全方位檢討，確認公司最重大的機會與問題，同時分享最佳的做法。執行長也會藉此觀察這些主管的想法以及彼此共事的情形，並給予相關的指導。

年度領導與組織檢討會是八至十小時的密集型會議，由執行長與人力資源主管會同各事業單位領導人及其人力資源主管，檢討各單位人才庫的展望以及其在組織中的優先順序。奇異是否能讓合適的人在合適的位子上執行公司各項策略？哪些人該升遷或獎勵？哪些人需要發展上的協助？哪些人無法應付現有的工作？執行長會針對每節會議中討論的要點以及行動項目，親自寫成摘要，做為後續追蹤之用。透過這個社會運作機制，人才的挑選與評量遂成為奇異的核心能力。

第一次策略與營運檢討會在第二季結束前召開，由執行長、財務長與執行長辦公室成員會同各單位主管及其團隊，共同討論未來三年的策略，包括公司主管會議決定的方案，以及策略與負責執行者之間是否契合等。至於執行長也一如在年度領導與組織檢討會的做法，會在事後致送每位領導人一封信函，摘要列出大家得到共識的行動項目。第二次策略與營運檢討會則在十一月舉行，重心放在未來十二至十五個月的營運計畫，將策略和營運的優先順序與資源配置連結起來。

　　在各類會議之間，公司內還有其他社會運作機制在運行。每年四月，奇異會對一萬一千名左右的員工進行線上調查，了解他們對各項方案在組織內推動狀況的看法。十月份，一百五十名公司高階領導人齊集在克羅通維爾（Crotonville）學習中心，檢討各項方案的進度，商定下一年度的營運計畫，並參加主管培訓課程。到了十二月的公司主管會議，與會者的工作之一就是敲定明年一月波卡拉頓會議的議程。

　　雖然奇異公司的業務相當多元，有時會被視為企業集團而非單一公司，但是，公司領導人可以經由相互連結的社會運作機制所構成的系統，將組織整合起來。社會運作系統能明確地將奇異的整體策略和每一單位的績效連結起來，包括各單位的領導培訓與營運計畫等。至於「對話」（dialogue）——這個由前任執行長威爾許所建立的行為規範，則具有誠實與就事論事的特性，而相對的回饋也非常坦誠。執行長本人所出席的每場會議，都是全程積極參與。這的確是一個以執行為導向的運作系統。

　　當代的企業本已十分複雜，其中各個組成部分又無時不在變動中：結構、想法、決策都在改變，人也在因應企業環境而改變；只有社會運作系統是唯一不變的常數。它最重要的是提供一個一貫的架構，讓所有員工能培養出共通的思考、行為、做事方式。一段時日之後，它甚至能夠超越原本根深柢固的地域性文化。

包熙迪:漢威聯合的社會運作系統不像奇異那麼繁複精密,不過也能達到同樣的目的。我們的所有行為都明白地顯示於人員、策略與營運這三項流程,以及每年兩次由一百多位主管出席的管理會議中。這些會議是我們展現這些行為最密集之處,由此再往下擴散到組織裡面。

我們由這些過程中所學到最要緊的事,就是如何共同營造具有建設性的討論氣氛。沒有一個人是全知全能的,所以我們如果遇到什麼問題,很自然的反應就是聚在一起找出答案,而不是坐在那裡,怨嘆找不到對策,或是去求助於顧問。我們並不期盼員工無所不知,卻很希望他們能全力找出最佳的答案,而且是與別人共同找出。這種建設性討論進行一段時日後,可以建立起員工的信心,就算面臨不熟悉的問題,也不會擔憂無法解決。

▶ 要展開強力的對話

沒有強力的對話(robust dialogue),就不可能出現執行的文化。因為強力的對話公開、坦誠、不拘形式,能讓事實浮現出來,而且能讓組織在蒐集與理解資料,乃至整理資料以協助決策上都會更有效能。強力的對話還可以培養創造力,大多數創新與發明都由此萌芽。最終還能創造更多的競爭優勢,並

提升公司股票的價值。

要開始強力的對話，參與者必先有開放的胸襟，不為既定觀念束縛，也不預設立場。大家都希望聽到新的資訊，選出最佳的方案，所以會樂於傾聽各方的意見，也會不吝於表達自己的看法。

在坦率的言談間，大家都會表達自己真正的意見，而不是想討好上級或維持和諧。許多領導人煞費苦心追求和諧，不願得罪任何人，殊不知和諧可能恰好是真理之敵，不但壓制了批判性思考，也使決策過程走向地下化。當和諧的考量占上風時，解決問題的模式往往如下：主要的長官們離席之後，與會者安靜地否決自己不喜歡的決議，但當場卻不做出任何反駁。有句格言值得牢記：「真理高於和諧。」坦率能協助掃除沉默的謊言以及私下的否決，也可避免創意受阻或事後一再修正，白白耗費大家的精力。

要做到坦率，不拘形式是很重要的，這也是威爾許常掛在嘴邊的話。形式會壓抑對話，不拘形式則鼓勵對話。正式的交談或簡報缺乏爭辯的空間，因為好像每件事皆已形諸文字，早已拍板定案。不拘形式的對話則是開放的，歡迎發問，也鼓勵即席反應與創意思考。會議如果流於形式化而且階級分明，那麼只要一位有力人士，就可輕易封殺一個好構想。不拘形式卻可以鼓勵員工去驗證自己的想法，進行實驗與交叉比對，無懼於當著同事、老闆與部屬的面去冒險。不拘形式有助於找到

事實，也能激發不拘一格的想法，這些想法乍聽之下可能荒謬，卻可能帶來突破性的發展。

最後，強力的對話能達成結論。會議結束時，與會者對各人該做什麼、何時完成都已有了共識。他們已經在一個公開的場合中許下承諾，願意為最後的結果負責。

大多數公司之所以無法好好面對現實，是因為公司內的對話沒有效果，這種情形會顯示在營運績效不佳上。試想你參加過的會議，有些純粹是浪費時間，有些卻能振奮人心且成果豐碩，其中差別何在？這與議程安排無關，也不是因為會議是否準時召開或者有沒有紀律，當然也和簡報正式與否無關。差別乃是在於對話的品質高低。

在典型的公司會議中 ── 假設是業務檢討會 ── 人們的對話多所保留、而且有政治化的傾向。有些人為了避免衝突，會處處修飾，緩和尖銳之處，另外有些人則是企圖壓倒對方。如果團體裡有這兩種人（許多會議正是如此），對話就會成為逞勇鬥狠的角力，無力抵抗者會覺得羞辱或為難。會議桌上得不出什麼事實，該討論的議題也未見多少進展。

現在，再想像有一個成果豐碩的會議，不但就事論事，而且還制定能產生具體成果的計畫。這是如何辦到的？

對話可以使團體成員的心情產生截然不同的變化：它能開拓或萎縮團體的實力；它能提振或耗盡精力；它能令人自信樂觀，也能令人悲觀；它能促進團結，也能製造尖銳的摩擦。

公司的變革要成功：

1. 以執行為導向。
2. 以事實為根據。
3. 建立社會運作機制，坦誠進行強力的對話。
4. 與績效改善做連結。
5. 預想並討論有待進行的具體事項。
6. 在每個階段都繼續保持執行的紀律。

強力的對話能使事實現身 —— 縱然有人會因此而感到不快 —— 因為它具有目的與意義。強力的對話開放、強悍、專注、不拘形式，希望激發出多元的觀點，釐清每件事的正反兩面，並以誠實坦率的態度去建構新的觀點。這樣的動態過程會刺激新的問題、新的想法、新的見解，而不是讓大家徒耗精力去維護舊秩序。

如果員工習於傳統的公司對話模式與逃避技倆，該如何讓他們開始進行強力的對話？答案是由高層做起，從組織領導人參與對話開始。只要領導人以身作則，其他人自然會加以效法。有些領導人可能情緒韌性不足，無法欣然接納異議；有些領導人可能還需要多學些特定的技巧，以協助員工提出具有建設性的挑戰與辯論。

不過，關鍵要點在於：如果員工一心追求成果，就可以讓他們透過行動來改變想法。只要你獎勵高績效，員工對績效

的興趣自然會加深，而願意參與對話。既然人人都希望找到最佳答案，就表示人人都需要在與人交流時坦誠相對 —— 畢竟沒有人是無所不能的。如果有人發表的言論不合你意，你就很無禮地批評他，那麼在場的其他人下次可能就不會再表達自己的看法。如果你採取另一種態度，向大家說：「我們現在來談談這點。讓我們聽聽每個人的意見，然後做出我們的選擇。」你所獲得的回應必然好得多。

▶ 上行下效

一旦你對社會軟體有所了解，便會明白：與企業日常營運脫節的領導人，是無從改變或維繫公司文化的。EDS執行長布朗曾這麼說：「公司的文化便是其領導人的作為。員工所表現出來的行為，就是領導人所示範或容忍的行為。要改變公司文化，就要由改變領導人的行為著手；而要衡量公司文化的變革，則要看領導人的個人行為以及公司績效有什麼改變。」

為建立一個執行導向的組織，最高領導人必須要以身作則，並參與強力的對話，以創造並加強社會軟體，並在社會運作機制中毫不懈怠地實踐與演練。

例如，有些領導人會利用定期召開的會議做為帶動文化變革的運作機制，讓公司高層主管接受對話與決策中嶄新的坦誠作風與務實精神。這些會議中也會引進權責分明以及後續追

蹤的做法。領導人本身的行為，包括他與各階層員工的溝通，
都會在員工學習各項必要的信念與行為時，發揮示範與強化的
作用。

領導人在這些會議中所進行的對話，會形成一幅人人都
看到的公司整體藍圖。因此，一旦遇到成果落後預期水準時，
每位員工都曉得下個月該做些什麼來補救。由於在對話中，會
討論到企業的整體狀況，並看重外在環境因素，所以每位參與
者對於全盤的趨勢、競爭、關鍵課題、重大障礙等等，都會了
解得更多。這些人在協助建立執行文化的同時，就可將相關資
訊傳播到整個公司內部。

如果你的單位處於一個沒有執行文化的組織中，是否可
能創造出自己的執行文化？如果你這麼做，是否會在組織中受
到排擠？答案是：沒問題，你做得到的 —— 尤其是當你開始展
現獲利與營收成長時。

包熙迪：我在進行檢討工作時，總是抱著要發掘真相的
想法。一九六〇年代晚期，我擔任奇異公司的巡迴稽核，訪視
了奇異全球各地的據點，見識到許多風格不同的管理者。看著
這些成功者與失敗者，讓我堅信，當你參與得愈深入，愈懂得
將問題攤在陽光下，你所做的決策就愈能解決問題。我在日後
的職場生涯中，一直謹記著這些教訓。

當我在一九七八年擔任奇異資融（GE Capital）的單位經

理時，就是依循著這樣的做法。同一年，威爾許也加入擔任消
費部門主管，他大幅強化人員流程，使其變得更敏銳，更行動
導向，也更實事求是。他以原有的做法為基礎，進一步提升強
度，賦予人員流程前所未有的深度、熱度與強度。

　　我自己擔任領導人的經驗愈豐富，便愈能將先前的經驗
注入各項流程中。以人員流程為例，開始時我總會先想到某人
在職位上的表現如何，畢竟這是企業能經營下去的根本所在。
隨著時間過去，我還是會注意到這點，但我也會不斷思考，這
個人的成長潛力如何？我會開始問更多有關長期潛力的問題，
並且和他多討論這方面的事。

　　我也開始邀請更多人加入討論，因為聽眾愈多，你的收
穫也會愈多。我們過去太常採用一對一的對話形式，因為不希
望自己對某人的坦率評論會流傳出去，造成傷害。但後來我們
發現，到頭來，被評論的當事人還是會知道我們關起門來講的
每一件事，所以我們決定還是採行坦誠但專業的做法。雖然我
們的談話仍是直來直往，卻不會傷到人，因為我們會提醒自
己，如果某些話當著本人的面會說不出口，就根本不要說。

　　我天生就是個參與者，對於自己的事業也一直極感興
趣，抱持著熱誠、著迷與好奇的態度。我認為這正是你能否帶
動組織改革的決定性因素。如果你覺得改革很麻煩、很累人，
你就不可能成功；除非你真的樂在其中，否則根本不會有什麼
改變產生。

■　　■　　■

　　公司文化的變革能否執行成功，首要關鍵在於有適當的
人，因此下一章我們將探討領導者最重要的工作：挑選並評鑑
人才。

第五章

絕不能授權他人的
領導工作 ── 知人善任

> 一個組織想長期保有傑出表現，員工是最值得信賴的
> 資源。他們的判斷、經驗與能力，乃是決定成敗的關
> 鍵所在。

　　企業無法掌控之事多得不勝枚舉，從經濟大環境的不確定性到競爭對手突如其來的出招等等，在這種情況下，企業理應慎重處理唯一能操之在我的事項 —— 員工的素質，尤其是負有重任的領導階層。一個組織想長期保有傑出表現，員工是最值得信賴的資源。他們的判斷、經驗與能力，乃是決定成敗的關鍵所在。

▶ 績優企業，必定慎選員工

　　然而，高喊「員工是公司最重要資產」的領導人，通常並不會盡心思考如何讓員工適才適所。組織及主管有時候並不全然清楚工作的要求何在 —— 除了當下的需求，還得放眼未來 —— 也不了解哪一種人才適合擔任這些職務。如此一來，公司必然拙於應付雇用、升遷、和培養最優秀人才擔任主管這些事情。

　　我們常會發現，公司領導人對人事問題不夠重視，主要是因為他們花了太多心力去籌劃如何擴張企業，或如何在全球化方面勝過競爭對手。他們總是忽略了員工的素質才是競爭力高人一等的最佳利器。知人善任的功效，短時期內也許不像購併等措施那麼明顯，但長此以往，卻能讓企業的競爭優勢歷久不衰。

　　舉例而言，戴爾電腦最終能以小搏大，勝過康柏電腦，

靠的就是老闆戴爾竭盡心力讓員工適才適所 —— 這些員工知道
如何有效地執行戴爾的企業模式。又如在一九九〇年代初期的
手機市場上，諾基亞（Nokia）僅是不起眼的小角色，但由於
擁有優秀的員工，終能獨步全球。該公司執行長歐利拉（Jor-
ma Ollila）出身銀行界，他接手這家產品多元、業績卻不振的
公司後，搶在當時的市場老大哥摩托羅拉之前，採行數位科
技。諾基亞也將手機的功能拓展到通訊工具之外，成為一種流
行化商品，每個月推出新造型，帶動市場熱潮。

　　觀察任何一家長期績優的企業，必定會發現它的主管十
分堅持慎選員工。不論你已是大企業的老闆，或是首次出掌利
潤中心，都不該將挑選與培養優秀主管的流程授權他人。這是
一項你必須衷心喜愛的工作。

　　包熙迪：加入聯合訊號之後，我發覺最令我感到困擾的
問題，是營運管理團隊的能力太差，未能達到競爭者的一般水
準。我們似乎也沒有任何培育未來主管的計畫，使得接班能力
不足。然而，到了一九九九年我退休離開公司時，我認為最能
彰顯公司實力的指標，就在於我們傑出的領導班底。評量他們
是否出色的最佳證明，就是有好幾位人才都被其他公司挖角去
擔任執行長，例如諾瑞思（Paul Norris）到格雷斯公司（W. R.
Grace）、伯恩罕（Dan Buranham）到雷神公司（Raytheon）、
桑密（Gregory L. Summe）到柏京墨公司（PerkinElmer）、波

西思（Frederic M. Poses）到美國標準公司等等。

能達到如此卓越的地步並非一朝一夕之功。當年我花了大量的時間與心血來聘任並培訓主管，對別人來說，這做法太誇張了 —— 剛進公司頭兩年，我有30％到40％的時間投注在這上面，後來至少也有20％的時間。一個執行長為單一任務花這樣多時間，的確非比尋常。然而，我深信這正是聯合訊號能振衰起敝的重要關鍵所在。

我首先做的一項工作就是到各工廠視察並會見主管，了解他們的能力。我不只和這些主管對談，也和員工交流意見，以了解他們對自己工作環境的感受，並觀察他們的行為 —— 從這兩者，都可以反映出領導人的作風。也就是由這些訪視過程中，我察覺到，不重視主管的培養是公司相當嚴重的問題。

當時我手下幾位直屬人員的能力十分值得肯定，不過一些營業部門的主管與他們的團隊就沒有那麼高明。其中有些人應該多接受不同業務的歷練，因為他們往往欠缺多方面的企業基礎，只會以狹隘的功能性觀點來設定優先順序。很多人根本不具備一些基本的管理技巧，如了解競爭狀況或是培訓員工等等。我並不是說這些人不夠聰明或工作不夠努力，其實他們頗能構思並提出優秀的計畫，只是缺乏執行的能力。於是，我們只能以優渥的離職金請他們另謀出路。

下一步是積極網羅更多有能力的人 —— 不僅為了目前協助公司經營，更是為將來儲備領導人才。培養主管應該成為企

業的核心能力。以奇異公司為例，有85%主管都是自內部拔擢的 —— 從這一點可以看出該公司在培養領導人上做得多好。這全都是因為前執行長威爾許以及繼任者伊梅特將培養領導人才視為首要任務，並要求所有的主管也都秉持同樣的原則。相反的，在我剛接手聯合訊號時，幾乎全靠向外挖角來招募新血，其中大部分是來自類似奇異或艾默生電氣這種善於培育員工的公司。

經過一段時期後，我們大部分的職位已能從公司內部人員晉用，這也是我一向秉持的理想。然而，為了達成這個理想，我花費了相當多的心血親自參與篩選和培育領導人才。

除了我的直屬幹部外，連這些幹部的直屬幹部，我都會親自甄選，有時還會擴及更低階的職位。剛到聯合訊號的前三年，我們所雇用三百名剛畢業的MBA中，有很多人我都親自面談過，因為這些人可做為公司未來的領導班底。

雖然我無法與每一位應徵者面談，但我深信自己已樹立

領導人如何做到讓員工適才適所

1. 深入分析工作性質。
2. 勇於採取果斷行動。
3. 擺脫個人好惡。
4. 全心投入，坦誠相告。

領導人常會依賴員工考核制度，卻忽略其中的準則可能根本就不合理。

可供其他人遵循的規範：只要你雇用優秀的人才，日後這批人自然也會雇用優秀的人才。

▶ 如何做到適才適所

常識告訴我們，對的人應該被放在對的位置上。然而，事實往往適得其反。到底是什麼原因造成你每天都看到這麼多浪費人才的情況？有可能是主管不夠了解他所任用的人員，他們寧可用自己看得順眼的人，而沒有考量他們的工作能力如何。有些主管沒有勇氣為屬下的工作表現分個高下，並採行必要的獎懲。這種種行為都反映出一項基本的通病：領導人對人員流程缺乏親自參與的熱忱與投入。

深入分析工作性質

領導人常會依賴員工考核制度，卻忽略其中的準則可能根本就不合理。有時他們會接受模糊空洞的推薦詞句，例如：「鮑伯是很好的領導人才。他善於激勵士氣，精於演說，和每一個人都相處得很好，又聰明絕頂。」然而，從頭到尾領導人都沒有問鮑伯到底有什麼特質，讓他能勝任這項工作。其實很多時候，領導人自己也搞不清楚勝任這項工作該具備哪些條件。他並未替這項工作界定出三到四項必要條件 —— 缺乏這些

條件的人必定無法勝任。

　　夏藍：二〇〇一年十一月，我和某家消費商品公司的執行長以及他手下一位副總裁一起吃午餐。這家公司正逐漸喪失原有的市場，我們在用餐時的討論，找出了癥結所在：最高領導階層行銷能力不足。很顯然公司需要聘請一位行銷主管，這將是二〇〇二年公司成敗的關鍵。執行長內心已有了人選，此人是由副總裁馬克所推薦。執行長以讚賞的口吻說道：「她真是優秀，令人激賞。」我問道：「哪一方面優秀？」他回答的都是常用的冠冕堂皇的字句，於是我再進一步追問，為什麼他認為這個人如此優異。但他顯然答不出個所以然，臉孔也窘得發紅。

　　我反問執行長與副總裁，就這項職務而言，他們認為適任者應具備哪三項特殊長才。經過一番討論後，他們舉出以下幾點：極擅長搭配促銷、廣告與商品陳列的正確組合；過去有傑出表現，確能挑選出適合電視、廣播或平面媒體的有效廣告；有能力在最適當的時機執行行銷計畫，使新產品順利推出；有能力延攬合適的人才，重新整頓行銷部門。

　　在他們訂出這項職務的條件之後，我詢問剛才那位備受推崇的人選是否符合。他們沉思良久，最後執行長終於誠實回答：「你知道嗎？現在我發現自己並不夠了解她。」

　　由此可見，對於甄選這個重要職位人選一事，不論是執

> 想要厚植領導班底的實力，公司就得在人員流程內設定一套準則，透過坦誠的對話，確定人才與職位是否相稱。

行長、副總裁，或是公司中任何有關的人，都沒有提出正確的問題。想要厚植領導班底的實力，公司就得在人員流程內設定一套準則，透過坦誠的對話，確定人才與職位是否相稱，並且還要做後續追蹤，以確保主事者都能如實貫徹。

勇於採取果斷行動

　　許多人都會遇到單位裡某人績效不佳，卻能年復一年穩如泰山的情形。我們發現最常見的原因就是：此人的主管缺乏情緒韌性，不願採取果斷行動而導致衝突。其實這種情況有時候會對企業造成很大的傷害，如果讓缺乏績效者占據高位，更可能會斷送整個公司。

　　夏藍：幾年前有一家生產精密工業零件的廠商認為，公司接班計畫內的儲備人才不足，於是，他們從外面挖來兩位執行長的後備人選。這家公司的產品原本在全球居冠，長久以來一直保持成功的形象。兩位新進人員中，史坦負責領導北美洲的營運，這是主力業務所在，占公司利潤來源的80％。史坦原本任職於一家全球性電子公司，是其中一個小型事業單位的負責人，專業背景還算契合。他形象良好，很快便在公司內建立起人脈關係，同時他工作認真，簡報工夫也是一流。

　　然而，身為北美洲營運的負責人，史坦的表現卻不如預

期，未能達成任職第一年許下的業績承諾。在他的領導下，產品的市場占有率下滑，成本結構也變得不具競爭力。當時整個業界都為產能過剩所苦，然而史坦並未採取關廠措施或設法降低成本，也未專注於執行問題。如此一來，公司的利潤與現金流量都開始下降，股價也一落千丈。此時，公司執行長並未採取任何行動，他認為史坦剛上任不久，需要更多時間適應企業文化，而且經過他的親自調教，應該能協助史坦進入狀況。

第二年，史坦又未能達成業績目標。公司的現金流量再度減少，股票價格也進一步下滑。董事會開始擔憂，當史坦提出下一季預測報告後，董事會在召開執行會議時，明確告知執行長必須開除史坦。然而這項動作為時已晚，無法挽救公司的危機。當時股價已然腰斬一半，成為投資銀行家和一些積極採取購併策略的公司追逐的目標。六個月後，公司果然落入他人手中。

其實，公司執行長十分聰明，為人也很正直，一向能體諒員工的處境。他衷心欣賞史坦，但他缺乏勇氣當面糾正績效不佳的員工，或堅持關廠與裁員這類行動。他未能督促手下最重要業務部門的主管面對業界不景氣的真相，也未能為自己的績效不彰負起責任。

> 許多用人不當的情況，是因為主管晉升的人是與自己
> 合得來的下屬。

擺脫個人好惡

許多用人不當的情況，是因為主管晉升的人是與自己合得來的下屬。主管對於長期共事的員工很自然會養成信賴感，尤其是對那些他認為見解值得採信者更是如此。但是，這種信賴感若是基於錯誤的因素，可能就會釀成嚴重的問題。舉例而言，領導人可能會喜歡與自己理念相符又態度順從的員工，或是有辦法保護老闆在爭執場面中全身而退的員工；還有些主管則偏好那些在組織中，多年來皆屬於與自己相同社會網絡的員工。

夏藍：一家規模二百五十億美元的跨國企業，新近聘用一位執行長 —— 在此姑且稱之霍華，他行事積極，企圖心旺盛，而且頗獲媒體好評。各界對他期望甚殷，希望往後十年，在他退休之前，能讓公司在業界十大的激烈競爭中，從目前排名第三晉升為第一。

原先的領導團隊有十一位成員，他一進公司，就要求其中八位提前優退，讓忠於自己的班底遞補上去。有賴前人餘蔭，頭兩年公司的營運還算順利，然而第三年開始走下坡。這項產業的成功之道就是不斷推出新產品，可是霍華所領導的團隊卻一再延誤新產品的上市期限，而且落後時間長達六個月以上。公司因而將部分利潤最高的產品市場拱手讓給了能把握時

效的國外競爭對手，公司的聲譽也因為這些延誤而深受重創。

這些延誤還使得推出新產品的成本增加15％，這對屬於資本密集且利潤偏低的產業而言，算是沉重的財務負擔。自此以後，這家企業的資金週轉迅速惡化，二度被調降債信評等，股利發放也減少。追究起成本增加與延誤上市的責任，兩位由霍華一手提拔並直屬他的主管難辭其咎。然而，霍華深受個人好惡及信賴感所左右，竟未撤換這兩位主管。結果在年底之前，董事會就開除了霍華以及他的團隊。

相較於這種行為，我所知道最鮮明的對比發生在奇異公司，當時瓊斯（Reginald Jones）提拔威爾許擔任下一任執行長兼董事長。瓊斯生於英國，是個八面玲瓏、能言善道的人，被視為商場中傑出的政治家；威爾許則直來直往，不講究手腕，熱愛工作，喜歡辯論。表面上看來，他和瓊斯是全然相反的類型。然而，瓊斯體認到奇異必須改變，而威爾許 —— 和他自己一般聰明、執著、追求卓越 —— 則具備未來領導公司的智慧與人格特質。隱藏在威爾許粗率、不拘小節的作風下，其實是周密的思慮與敏銳的心智，而且他更有絕對的求勝意志。

全心投入，坦誠相告

如果不能讓合適的人擔任合適的工作，問題一定很難隱瞞或掩飾。領導人憑直覺就知道不對勁，而且通常也能很快就

確認問題何在。可是接下來，絕大多數領導人卻不會去著手處理問題。要做到適才適所，絕不是下令找到最佳人選來任職即可。先前提過，不論以什麼方式，領導人都至少要花40％的時間與精力，來挑選、評估與培養員工。這樣全心的投入，雖然很耗費時間，還得忍受情緒上的倦怠與折磨，但是還是要給予員工回饋、進行對話，並將自己的看法坦誠相告。

因為卓越企業的根基就在於其培養員工之道 —— 必須讓員工獲得正確的工作經驗，如多方面接觸不同的工作、向別人討教、給予坦誠的回饋，並提供他們指導、在職訓練與教育等等。如果領導人花在培養人才上的工夫，足以和他們花在預算、策略規劃和財務監督上的工夫相提並論，必能獲得永續的競爭優勢做為回報。

▶ 你該網羅何種人才？

前面曾經提過，在大多數企業中，人們通常公認優秀領導人應具備眼光、策略以及鼓舞士氣的能力。大家認為只要在上位者有正確的眼光和策略，並且傳播到公司每一個角落，員工自然會望風追隨。也因此，從董事會、執行長到資深主管以降，在與應徵者面談時，通常會以教育程度與聰明才智做為取決條件：此人是否有理念、有眼光？是否善於表達，敏於應變，長於溝通協調，最好還和華爾街等外界人士關係良好。

> 企業最需要的是擁有不懈的求勝意志的人，這種人只有在工作完成時才會感到滿足。

　　然而，這些人忽略了最重要的一個問題：此人完成任務的能力是否優秀？就我們的經驗而言，擅長紙上談兵者，往往不見得是能在惡劣環境中或危急關頭上順利完成任務的人。可是，後者卻常得不到應有的重視。如果你想為公司樹立執行的紀律，最好多提拔實際做事的員工。

　　包熙迪：一個不空談理論、卻有追求成功決心的人，通常比較能夠找到適合的人選，彼此勉力，一起達成目標。我並不是主張學歷無用，或喜歡聘用資質愚魯之人。可是，比起那些才智出眾、學歷傲人卻孤傲不群者，倒不如選擇智商較低但一心一意追求成功的人，這樣會有比較理想的結果。

　　我並不是一開始就明白這個道理。以前我也認為愈是高學歷與出身名門的人，就愈優秀。事實上，企業最需要的是擁有不懈的求勝意志的人，這種人只有在工作完成時才會感到滿足。而且，在不斷完成工作的過程中，他們也在持續強化自身的實力。

　　只要觀察每個人的工作習慣，就很容易分辨出誰才是認真做事的人。這些人通常能激發員工士氣，遇到困難時會果斷處理，並知道如何取得各方助力來完成工作，重視後續工作更有如他們的第二天性。

■ ■ ■

　　每當有優秀的幕僚人員或顧問想轉任高階業務工作時，我們往往會看到一些問題。這些人通常出身企管名校，原先任職顧問公司，或是擔任企業內部的財務、會計或策略規劃人員。問題在於這些人從來沒有接受過協調現場人員執行任務的考驗，也沒有足以培養企業敏銳度的經驗可言。

　　舉例來說，瓊安任職於某工業產品製造商，是某一個發展迅速事業部門的財務主任。她盤算如果自己一直待在幕僚單位，就不可能有機會升到執行長，因此決定轉換到業務方面的職位。瓊安成為該事業部最大產品線的主管，要為市場占有率、盈虧以及應收帳款與存貨等資產負債表科目負起全責。在她擔任新職不到一年的時間內，企業執行長與事業部的主管都明顯察覺到，瓊安缺乏管理人事的技巧，無法重新整頓並激發她的直屬團隊，也未能更動某些重要職位的人員。當她面對客

最有執行力的人才

1. 能夠激發員工活力。
2. 面對棘手問題，能迅速做出正確決定。
3. 懂得透過他人完成任務，不事必躬親。
4. 會做後續追蹤。

> 升遷原則是,在幕僚工作上表現優異者,有機會調任
> 業務性質工作,但階級必須在事業部門經理以下。

戶在經濟衰退情勢下要求大幅降價時,她也沒有表現出據理力
爭的勇氣。

我們並不是認為幕僚單位的員工就永遠無法轉換到業務
單位。以奇異公司為例,威爾許擔任執行長一職未久,就意識
到他需要更多具有管理長才的生力軍,於是奇異從頂尖的商學
院和顧問公司召募人才,進入策略規劃或行銷顧問等單位。升
遷原則是,在幕僚工作上表現優異者,有機會調任業務性質工
作,但階級必須在事業部門經理以下。他們在這些職位上接受
考驗,也有機會展現本身是否具備事業部門主管所需的人事技
巧。奇異目前的執行長伊梅特就是循此種管道而受任用拔擢
的。另外還有一些人,也是出身於顧問公司或是幕僚工作,而
成為獨當一面的企業領袖,包括最近成為IBM董事長及前執行
長的葛斯特納、3M的執行長馬克藍尼(Jim McNerny)、醫療
電子(Medtronics)的執行長柯林斯(Art Collins)等等,他們
每一位都曾獲得展現卓越管理技巧的機會。

能夠激發員工活力

包熙迪:有些主管讓員工士氣低落,有些卻可以激發員
工的活力。假設你在面試時,有一位應徵者條件優異,學歷
高,有良好的工作經歷,在工作成績上相當優秀,可是,他看
來十分溫吞保守 —— 他只是坐在那裡不動。這種人在面試時,

表現通常不會太出色，而如果他過去的確成就非凡，我可能會
多花一些時間詳查相關資料，再決定是否錄用。不過，若是要
讓他擔任重要的領導職務，我會相當慎重，因為他有可能挑選
和自己相似的人做為班底，那麼你就得隨時注意提醒他們振作
士氣。我希望看到員工每天早晨都帶著笑容進來，生氣勃勃地
面對無論是長期或短期的工作。優秀的主管不但創造源源不絕
的能量，也很能激發同僚的活力 —— 而且他會任用同樣士氣高
昂的員工。

■　■　■

我們所謂的鼓舞士氣並非只靠放言高論而已。有太多領
導人認為，要激發員工的活力，只需發表一些振奮人心的演
說；或是描述美好的遠景，每個人就會竭盡所長。然而，真正
能使願景成真的領導人，必須能帶動並長期維繫員工的士氣。
這些務實的領導人腳踏實地，專注於完成短期性的階段性任
務 —— 這些目標有如強心針，在贏得長期勝利的途中，為員工
打氣。

家庭貨倉（Home Depot）的現任執行長納得利（Bob
Nardelli）就是一位善於提振士氣的領導人。他曾擔任奇異電
力系統（GE Power System）主管，成功地讓這個瀕臨倒閉的
單位一躍成為公司的明星部門。納得利因為之前在運輸系統事

業部（威爾許經常以這個單位做為主管能否繼續高升的測試）
表現良好，得以在一九九五年接掌電力系統。納得利的經歷還
包括奇異公司某項消費性業務的主管。奇異電力系統在世界大
型發電器材占有一半的市場，然而這項產業本身卻面臨嚴重的
不景氣 —— 公用事業大量削減投資，而且沒有任何復甦跡象。
納得利深具眼光，決定以擴大業務範圍來帶動成長 —— 拓展到
較小型的發電器材，投入新的產業區隔，對客戶提供產品以外
的服務。他在一開始時遭到原有官僚文化的懷疑和排斥，因為
這些經理人堅信，唯有削價競爭才能刺激成長。

納得利贏得屬下的支持並激發他們的活力，部分原因是
他所展現的個人領導風格。他深入參與業務的各個層面，保持
高度的好奇心，而且精力充沛 —— 他是親自參與的典範。他在
任何討論結束時，總會將應採取的行動歸納整理出來。

為落實自己的願景，他會將其分割為可以逐步完成的任
務。他安排原本態度疏離的幹部動起來，主動會晤公用事業決
策者以及其他客戶，由第一手的資料了解電力系統該如何拓展
市場。納得利指導員工針對不同的客戶和不同的專案，制定出
具新意的提案，也讓他們從中發現自己從未曾想過的可能性。
原本討厭開會的主管如今卻期盼開會，因為電力系統的會議已
成為行動與個人成長的園地。

處理棘手問題要果決

　　果決是指面對難題時，有能力迅速而正確做出決定，並動手去完成。每個機構都不乏舉棋不定、做不成決定之人。有些主管因為缺乏情緒韌性，無法面對棘手的決策。如此一來，公司所有的員工也都會看出他們是如何搖擺不定、猶豫不決、企圖逃避真相。

　　舉例而言，假設你所經營的某項業務營運狀況良好，有人要求撥付資金擴建新廠，然而整體經濟卻正面臨不景氣。此時你必須先探討建廠時機是否合適，或者外包會比較好。然而，選擇外包會觸怒績優幹部，讓你成為不受歡迎的人物——你的員工喜歡擁有自己的工廠，更何況在營運良好的情況下，長遠而言，他們的想法也有其正當性。可是，你深知在此時建新廠十分不宜，所以還是必須獨排眾議，做出困難的決定。

　　還有一種棘手的狀況是自己的愛將表現不力。對於缺乏決斷力的領導人而言，要處理自己一手提拔但表現不如預期的人，可能是最令他為難的事。

　　夏藍：二○○二年一月，與我合作的某家企業有兩個職位，面臨人事懸而未決的窘境，不知該如何處理。直到本書付梓之日，情勢仍然未見明朗。

　　這家企業在二○○一年一月拔擢已在公司任職二十年的

> 透過他人之力完成任務，是一種基本的領導能力。做
> 不到這一點，就不算是個領導人。

勞夫，擔任某事業部的總裁。董事會與現任執行長打算以這個職位做為勞夫登上事業高峰的跳板，然後在二○○三年，升他接任執行長。這一事業部對公司盈餘和股票本益比都有關鍵的影響，而其績效高低又取決於銷售人員是否專注賣力。然而，情況似乎不太順利，因為掌管行銷部門的執行副總裁約翰遲遲未能安插職務空缺，讓最關鍵的銷售版圖無人負責。約翰曾擔任執行長的執行助理兩年，也是因此而得以受到重用。他是企業重點栽培的人選，執行長並承諾讓他擔任重要的業務職位。

勞夫一開始就懷疑約翰是否能勝任這個職位，因為他覺得約翰優柔寡斷，而且缺乏鼓舞士氣的能力。可是，每當勞夫向執行長坦言心中的疑慮時，總是被安撫要多忍耐，再給約翰一些學習時間。由於對約翰的處置懸而未決，整個事業部的績效都大打折扣 —— 甚至影響到企業的前景。在競爭對手逐步接收市場，業界又盛行購併的情形下，這種因循狀況拖得愈久，愈容易使企業成為別人收購的標的。

透過他人完成任務

透過他人之力完成任務，是一種基本的領導能力。做不到這一點，就不算是個領導人。然而放眼所及，有多少領導人能夠做到？有些主管壓抑部屬，不讓他們發揮創意與主導工作。這些人都是事必躬親型的管理者，缺乏安全感，不相信別

人可以做好事情，因為他們不知如何調教員工，也不知如何評斷員工的績效。他們連各項細節都要親自做決定，以致於無暇專注自己該負責的重大議題，或是去處理那些隨時可能冒出來的突發狀況。還有另一種主管則是完全不干涉自己的員工，他們崇尚授權：讓員工自求多福，不論好壞都自行負責。這種主管會先分析任務的挑戰性（有時用語太過抽象，幾近唱高調），而後把球完全丟到員工手中。這樣的主管既不訂定目標也不進行後續追蹤，等到結果不如預期時又滿懷挫折。這兩種主管都只會使組織的能力愈來愈差。

有些人的個性就是無法與他人共事。

包熙迪：我想我算得上是知人善任的主管，不過仍然免不了犯錯。舉例而言，我曾經聘請一位副總裁擔任幕僚顧問的角色，在此姑且稱他為吉米。當時大家都十分欣賞他，因為他不但聰明，長於表達，而且和上司相處時表現極佳。一年之後，我們晉升他成為某一事業單位的總裁。再過一年後，這個單位出了問題，吉米無法如期讓新產品問市，喪失市場占有率，生產力也開始下降。

當我們實地評核他的表現時，發現與他共事的員工都受不了他。他很會折磨人，一位手下的主管如此形容：「幾乎像魔鬼士官長。」他獨斷獨行，不徵詢別人的意見。長此以往，他和下屬之間出現了鴻溝，事態嚴重到他再也無法領導的地

步。我們當然只有開革此人，而繼任者花了一年工夫才使這個單位重新步上正軌。

無法透過他人之力完成任務的主管，通常都會為工作投入過量的時間，而且要求別人也和他一樣，就像我第三章提過的查理一樣。我總會質問這些人：「你完成了哪些事情？你是不是讓大家都參與？」每當績效評估時，我總會特別留意一些看似傑出卻全年無休的主管，勸告這些人改正工作習慣，每週工作八十小時，其實是個重大的缺點。這種人通常也會強迫下屬在週末假日陪著他，一起在辦公室或工廠裡加班。他們往往使周遭的員工操勞過度，感到精疲力竭。我會告誡他們：「你該少花一點時間在這裡，不過績效可不能改變，必須維持目前的水準。你需要學習如何借助他人之力來完成任務。否則總有一天會累垮自己。」如果這種主管提拔的也是和他一樣超時工作的人 —— 因為欣賞這種工作態度，他們很可能這麼做 —— 被他提拔的人也會發生同樣的問題。

無法和別人合作的人會削弱組織的實力。這樣的主管不能善用部屬的長才，結果不只浪費大家的時間，也浪費自己的時間。

能做後續追蹤

後續追蹤是成功執行計畫不可或缺的要素。執行力良好

的領導人都會嚴謹地進行後續追蹤，以確保負責計畫的人員能依照原定進度完成當初承諾的目標，並找出缺乏紀律或理念與行動不配合等問題，同時也能釐清各項具體細節，讓組織各運作單位的步伐協調。如果遇到外在環境發生變化，完善的後續追蹤也可使計畫執行者迅速靈活地應變。舉例而言，奇異的高階主管在每一次年度領導與組織檢討會的九十天後——也就是在策略與營運檢討會之前——都會透過為時四十五分鐘的視訊會議，讓所有參與計畫的人檢討長程方案的情況。

領導人可以用一對一或團體的方式，對員工進行回饋。一對一的方式，可見如第二章，EDS執行長布朗的「會後談話」。若是採團體的方式，每個人都可在團體中學習，因為眾多觀點可以協助大家看清決策的準則、判斷的基礎，以及個中的取捨。如此開誠布公的做法，可以看出員工的判斷力，並讓團隊更為合作無間。

結束會議前一定要清楚告知後續追蹤的方式，包括誰該負責、時間與方法如何、會運用到哪些資源，還有下一次檢討會的時間和與會人員。想要推動任何一個新計畫，你都必須親自投入，而且負責監督貫徹，直到這項計畫融入組織，成為組織不可分割的一部分為止。

包熙迪：每當我提出一個新方案，一定會確認它能有效執行。假如我六個月後，就對新方案不聞不問，等於白白浪費

公司的資源和員工的時間，也必然會損及我將來提出新計畫的
效果。大家會想：「反正最多忙上三個月，老闆又會想到別的
新點子。」他們的肢體語言也會表達出不信任的態度。所以，
我會特別強調自己是相當投入的，讓大家了解我們一定會去
做。就算這個計畫不能得到所有人的支持，我們也不會放棄。
如此一來，大家才會明白這可不是隨便做做的實驗方案。

▶ 如何找到適合的人來做適合的工作

　　傳統的面談方式在挑選具有執行力的主管時，不太管
用，因為它的焦點大多放在應徵者的生涯發展以及曾負責過的
任務性質。主試者通常不會深入了解這位應徵者在過去職務中
的真正表現如何，例如：他如何設定工作順序？決策時，是否
會聽取他人意見？某些傑出的獲利表現是否真是他的功勞，還
是他只不過是運氣好，在問題爆發前就已離職？有太多人濫用
資源，美化自己任內的成果，再讓繼任者收拾爛攤子。有時，
主試者會詢問相關人士，仍未必能觸探到事情的真相。

　　在主持面談時，最好多方探索與此人相關的事項，據以
在腦海中建構完整的印象。接下來，你必須查出他在過去與目
前的各項成就，了解他的想法，以及在他工作抱負背後的驅策
動力。

包熙迪：想培養領導人才，第一步就是要面談與評估可能的人選。我談的不是監督人力資源部門的作業，或是與最後篩選出的幾位應徵者面談而已，而是要親自參與人才的選聘。多半的的面談過程都有嚴重的缺陷。每個人應付面談的技巧有高有低，有時候面談表現不佳者反而是最適任的人選。所以，在面談時一定得深入探詢，知道該聽取哪些重點，並且盡可能取得補充資料。雖然深究下去，要多花時間與精力，但這麼做還是值得的。

最需要看重的特質就是執行的精力與熱誠。這位應徵者是否對執行興致勃勃，還是只喜歡空談理論？他是否從學生時代，就以這種熱誠來面對所做的每件事？我不在乎他畢業於普林斯頓或只是州立大學，重要的是他在校時的表現如何？他的生命過程中是否有許多成就？

他喜歡談論什麼話題？是否津津樂道自己達成任務時的激動，還是總把話題圍繞著策略或理論？他是否會仔細剖析自己曾必須克服的障礙？是否會說明自己所帶領的團隊成員，各自擔負的角色？是否有能力號召其他人共同完成任務？

我在評估外來的應徵者時，一定會驗證他的過往經歷，所以直接與他的推薦人對話就非常重要。當我剛執掌聯合訊號時，我曾親自一一詢問數十位應徵者的推薦人。還記得有些企業執行長會問：「為什麼由你親自打電話？」我總是回答，因為我個人很關心這件事。當我要聘用某人時，我不希望僅是由

人事單位來考察他，而希望自己也能親自查訪。我也不會只詢問一位推薦人，其他的則交給人事單位聯絡，我會盡量和兩、三位推薦人詳談，即使這得花上許多時間。為了網羅並栽培最佳人選，花再多時間都值得。

　　許多執行長告訴我，我查詢應徵者事宜的談話內容與眾不同，因為我會專注於此人的活力、實際執行工作的方法，以及曾達成的任務。我會問：「他如何設定優先順序？他最突出的特質是什麼？他做決策時，是否會聽取他人意見？他的職業道德與工作熱忱如何？」只有經由這類問題，才能看出此人的真正潛力。

　　我知道我親自打電話，比較有可能得到實在的回答。如果我認識推薦人，我會比較確信自己得到的不是美化過的資料。如果我找不到任何認識的人可以推薦某位應徵者，我就不會想雇用他。無論如何，只要你肯下一番工夫，你就能在評估過程中找到與應徵者有關聯的人。

　　在剛接掌聯合訊號不久時，我曾犯下一項痛苦的錯誤，也因此學到寶貴的一課。當時我必須開革一位我才雇用不久的高階行銷主管，因為他既獨斷專橫，又不認真完成任務，結果浪費許多時間，卻一事無成。我在開革他後，做了一些後續追蹤的工作，回頭向當初一些推薦他的人查證。其中一位推薦人和我沒有私人交情，他說：「其實他一直都有這個問題。」當初這位推薦人為了怕惹麻煩，所以未對我據實相告。

　　由此可見，在向推薦人查證時，絕對要鍥而不捨，深入
探求事情的核心。

▶ 坦白溝通，發掘真相

　　許多企業在評估內部人選時，通常也會遇到和面談外部
人員一樣的問題，整個過程十分制式，有時甚至到了官僚化或
是機械化的地步。主管要評估應徵者時，通常會由幕僚提供一
套準則，明列擔任職位該具備的條件。

　　審核應徵者資料時，你必須找出是哪些特質，讓他能有
效地完成工作？他曾完成哪些工作？困難度如何？他是否能鼓
舞團隊同心協力，共同完成任務？

　　機械化評量方式有許多缺失，其中之一就是無法顯示出
應徵者「如何」完成任務 —— 他的工作方式是增強、或削弱組
織及員工的實力？領導人「如何」完成任務，其重要性並不遜
於「是否」完成任務，有時候猶有過之。如果以錯誤的方式完
成任務，將會對組織造成重大的傷害。

　　在機械化評量方式中，很容易判斷應徵者完成過哪些任
務：只要列出任務的目標以及相關的數據資料，就可以看出任
務是否完成。然而，是否有其他外在因素影響他完成任務的能
力？他是否在逆境中取得輝煌的成果，或是甘冒未來的風險，
以求取眼前的成功？在執行任務的過程中，他是否同時厚植公

司實力，讓部屬有機會培養領導能力，並賦予他們成長的空間？還是在任務完成後，只留下一個精疲力竭、功能殘缺的團隊？光靠制式的評核表，你永遠找不到這些問題的答案。

以錯誤的方式達成任務，有時後果極其堪慮。朗訊和其他一些電信供應商的領導階層，為了達成野心勃勃的業績成長目標，不惜對某些客戶過分擴張信用，還同意回收客戶銷不出去的產品，終於使公司陷入困境。

此外，還有更一種典型的例子。假設戴夫和麥可去年都達成業績目標，而蘇珊卻落後目標。在機械化——也有人說是客觀化——評量方式下，戴夫和麥可領得到年終獎金，蘇珊則不能。但是，如果深入研究他們所各自面對的處境，結果將大不相同。

戴夫的成功靠的是市場本身比預期中更為強勁。如果他能善盡本身職責，至少應該超越原訂目標20％。至於蘇珊領導的部門，因某項原料突然缺貨，以致成本增加了20％，利潤自然驟降。如果不是蘇珊當機立斷，加速實行一些擬好的生產力改進措施，結果會更不堪設想。況且業界許多競爭對手業績滑落的狀況更為嚴重。

至於麥可，他所掌管的部門和蘇珊一樣遇上危機，但是他仍然達成業績目標。原因是他停止開發兩項新產品，而且強制將許多產品運給經銷商——這種做法會導致下一季庫存過剩，損及企業利益。換言之，他是預支未來，充當眼前的業績。

　　由此看來，如果有人該得獎金，則非蘇珊莫屬。可是，太多時候我們純粹根據數字或所謂的客觀準則來評量員工，並以此排定績效的優劣順序。可是，如果獎勵的對象不得其人，整個組織都會受到不良影響，往後沒有人會盡心解決問題，只看到缺乏績效者出頭，而真正有績效者卻開始另謀高就，找尋更賞識他們的地方。

　　要做好評估，主管必須仔細觀察人們是如何完成任務的。哪些人不論外在情況如何，都能不負使命？哪些人面對逆境，依然可以善用資源、努力進取，並且發揮創意？又有哪些人純粹是運氣好，實際上並未盡全力爭取更好的績效？還有哪些人雖然達成預設目標，卻犧牲了組織的士氣及長期績效？

　　坦誠的對話在人員流程中特別重要。如果評量他人表現時不能直言相告，這種評估就失去意義，不論對組織或對需要回饋的員工都是如此。

　　然而我們看到，絕大部分員工從未獲得坦誠的評量。負責評量者必須具備道德勇氣與情緒韌性，方能直言無諱。經理人常會這麼想：如果當面告知某人他的行為有待改進，一定會引發爭辯，還是別惹這種麻煩。許多主管因乏人指點，沒有練習的機會，又得不到足夠的支援，所以根本沒信心，讓自己的客觀立場發揮力量。

　　在聯合訊號尚未與漢威聯合合併之前，瑞林傑（Dun Redlinger）是人力資源部門主管，二〇〇一年他又在漢威聯合

擔任同樣的職務。他回憶包熙迪執掌聯合訊號之前的情況：
「從前績效評估的氣氛都是輕鬆愉快的。我和屬下單獨晤談時
會說：『哈利，你知道嗎？你在這六個項目上都表現得太好
了。』之後我會輕描淡寫地指出：『不過還是想想你和其他人
溝通的情形，如果你能在這方面再加強一下，豈不更理想
嗎？』所有的話語都是模糊而正面的，就像果汁只有糖水卻不
見果肉。」

　　「其實負責評估者應該這麼想：如果能夠誠實告訴他，
問題出在哪裡，他也願意改正，這對他將大有助益。如果你和
主管晤談時，他完全沒有提到你的弱點，再回去找他！否則你
根本學不到任何東西。」

　　包熙迪：我告訴手下的主管們，應該以日常的用語和文
字來做績效評估，而不要用人力資源那套專業術語。有時候也
可以和負責人力資源的部門交換意見 —— 我就時常這麼做。我
會說：「這是我做的評估結果。你也和他談過，有沒有不同的
看法？」如果聽到不錯的觀點，我會把它加進我的評估中。不
過，基本上評估還是我的責任。我希望被評估的人能感受到，
做決定的是我本人，而非委託別人代勞，這點是我相當在意
的。

　　良好而坦誠的評量會提及對方表現優秀的事項，還有必
須改進的事項。就是這麼簡單。你用不著說一些不著邊際的

話，只要實話實說即可。這種評量具體明確、直指重點，而且能達到效果。

舉例而言，在進行評量時，你可能會說：「你企圖心強，工作熱心，人緣也很好。還有你很有概念，分析能力強，也能參與團隊合作。讓我們看看有哪些地方還能做得更好？你的進取心不夠，也優柔寡斷。你對別人要求不夠高，培養團隊的方式也未能符合我們的要求 —— 去年你手下升遷的人太少。」然後，你再透過具體觀察到的實例，說明上述這些觀點。

對員工的評量應放在他的工作脈絡中。舉例而言，漢威聯合的主管常將人員、營運與策略三項流程銜接起來，觀察受評量者在每一領域的表現如何。比如說，某個營業人員在策略方面實力不夠，就會被列為待改進事項。

負責評量的主管如果認為當面指正不夠有效，就必須說明他準備如何協助受評量者改進弱點，例如「我們得替他找一位指導員。」或是「為了補強他在這方面的能力，需要再指派一項任務讓他歷練。」主管並親自出馬幫忙他。

最後，主管應該坐下來與員工討論評量的結果。這時我會說：「現在我要做出總結。你已經聽過我的意見 —— 你有什麼要補充的嗎？」待他回答之後，我會說：「就是這樣了，我們都同意，這些是你要加強的部分。有些個性是天生的，你不見得能完全改變，不過應該還是可以修正與改進。」最後，受

評量者在評鑑表上簽名，這就等於表示：「我非常感激你肯定
我的那些美言。對於該加強學習的指正，我也誠心接納。未來
我會特別注意自己要克服這些缺點。」

　　這樣的評量方式推廣下去，有好幾千人採行，最後整個
漢威聯合的組織都採用這種方法。以我個人而言，每當我巡視
各事業部門時，都會檢視最高主管以及他們的直屬人員 —— 也
許會有五十到七十五位不等 —— 的績效評鑑。對於所有因表現
傑出而晉升到現職的高潛力人才，我都會查看他們的績效。如
果發現有表現不佳者，會給予適當處置。通常我會寫五到六頁
的信函，與他們個別溝通。六個月之後我會複檢一次，看看他
們是否採納了我的意見。

　　如果能將這種評核方式向下推廣到整個組織，必然能使
你的人力大大改善。

■　　■　　■

　　不習慣以坦誠態度進行評量的主管，一開始很難接受這
種方式。瑞林傑指出：「他們會排斥這種做法。如何讓這些人
了解呢？我們開始推行時，不但困難重重，而且時常引起爭
論。有時候你要以極端的方式來吸引大家的注意。假設有人
說：『老哈利表現得十分不錯。』你就可能故意回答說：『你
瘋了，他只配墊底，根本成不了事。他只會說大話。』大家會

對這些人的評價相互爭辯。然而,最後每個人都會對受評量者有了更深入的認識。」

「坦誠的評量過程讓各事業部的總經理更注重自己人才的素質,並將之視為一項基本的競爭優勢。他們不斷地提升團隊層次,假以時日,團隊的工作能力便會愈來愈強,而且在面對競爭時表現更優異。整個組織的討論內容也會和以往不同,大家不再只爭辯受評量者的素質與績效,而會更專注於設想自己能提供何種協助,以協助他克服知識、經驗或是能力上的不足;或者,是否該請他走路。」

任用適合的人做適合的工作,其中的過程並沒有什麼複雜之處,只不過是有系統、有原則地面試與評量員工,並透過有效的回饋,讓他們不斷進步。

本書第二部所提出的三大基石,乃是執行之三項核心流程的重要基礎。如果企業的主管具備良好的個人修為,企業文化又獎勵員工的執行力,並能建立一套讓人員適才適所的制度,這家企業便已經具備良好的基礎,得以有效地操作與管理各項核心流程。

第六章

人員流程：
與策略流程、營運流程連結

人員流程比策略流程或營運流程都來得重要，因為組織畢竟要靠人來判斷市場的變化，並根據這些判斷來制定策略，再將策略轉化為現實的營運。簡言之，如果沒把人員流程做好，你絕對無法讓企業的潛力完全發揮。

　　健全的人員流程有三項目標：首先是精準而深入地評量每位員工；其次是提供一個鑑別與培養各類領導人才的架構，以配合組織未來執行策略的需要；第三則是充實領導人才儲備管道，以做為健全接班計畫的基礎。

　　很少有公司能同時圓滿地達成這三項目標。傳統人員流程的最大缺失，就是眼睛向後看，只專注於評量員工目前正在做的工作，殊不知這些人是否有能力處理明天的工作反而更加重要得多。我們看過不少人在單位主管的工作上表現不錯，甚至十分傑出，卻沒有能力領導這個單位更上層樓。公司常會等到財務報表的結果公布之後，才更動關鍵的領導職位，其實此時傷害已然造成。營運結果是落後指標，記錄的是過去的事情，而且還有時間落差。

▶ 用錯人，步步皆錯

　　夏藍：人員流程上的失誤會造成企業巨額的損失，只是帳面上看不出來而已，以下就是一個非常清楚的案例。幾年前，某家資本額四十億美元的化學公司投資了二億五千萬美元

> 人員流程上的失誤會造成企業巨額的損失，只是帳面上看不出來而已。

在印尼建廠，這是該公司執行長整體策略的一環，預定將資源由成長緩慢的美國市場移往開發中國家，整個構想看起來很有道理。執行長將建廠計畫交給原任巴西工廠的經理負責，因為他過去在巴西的表現卓越。到了二〇〇一年年初，這位執行長打電話給我：「你可以去印尼一趟嗎？這項投資計畫就像一個石磨套在我脖子上。你去看一下吧。」我到雅加達後，發現情況已無可救藥。由於建築工程拖延，使工廠開始生產的時間遠遠落後進度。巴西的經理根本不知道該如何應付包商、取得執照、處理工會問題或召募需要的人員。等到工廠好不容易開張，他又賣不掉生產出來的貨品。

這位經理人所具備的能力，並不足以經營一間完整的公司。其實他在巴西就有這樣的問題，只不過到了印尼就更為嚴重，因為他對印尼幾乎一無所知，尤其不懂該如何在當地做生意。的確，他把巴西廠經營得很好，但他是技術專家，而不是總經理之才。他不了解客戶關係的訣竅或市場與定價的問題，更不曉得如何在印尼這種國家，與各類政府機構發展並維持良好關係。他沒有在政治圈周旋的本領 —— 這是在當地做生意不可或缺的條件。他既無法綜觀全局，又欠缺經營智慧中最為核心的技能 —— 了解企業的生財之道。他對做生意仍屬生手，也不知如何在當地甄選合用的人員。他與企業總部間根本沒有實質的聯繫，總部本身也沒有任何了解印尼的人員。公司最高層級的二十位主管中沒有人到過印尼，連度假也不曾去過。他們

純粹是接受一家美國顧問公司的設廠地點建議，但這對他們了解當地做生意的實際情況，沒有任何幫助。

這家公司在未確定已找到適當的經營人才前，怎麼能這樣就將二億五千萬美元砸到印尼去？執行長選中那位經理，純粹只是就理論上思考：我們需要一個技術專業很強的人，而且來自開發中國家的人應該比較懂得如何處理其他開發中國家的情況。他並未透過適當的人員流程，取得有關這位經理之領導能力與經營智慧的資訊。

讓錯誤的人去執行企業策略的關鍵部分，這種決策錯誤屢見不鮮。無論是到國外拓展業務或在國內實施新方案，有太多領導人忘記問些最基本的問題：誰要來執行這項策略？他們有這個能力嗎？

上述那家公司的策略本身並沒有問題，但該公司已經不可能將之付諸執行了。我回美國後，就建議執行長撤銷這筆投資。最後該公司放棄在印尼投資的計畫，並用那間工廠交換位於另一個國家的工廠。

下面再舉另一家美國公司為海外業務挑選人才的例子，只不過，他們的情況與上述公司完全相反。這家公司在業界為第三大，股價表現優異，過去十年內股價上漲幅度較標準普爾五百指數（S&P 500）超出25％。很自然的，他們在挑選人才時，也是放眼全世界。

一九九七年，該公司面臨一項重要的人才挑選問題。該

公司在歐洲的業績表現向來不佳，各國的據點彷彿分封割據的諸侯，讓公司的歐洲策略無法發揮整合作用。歐洲的執行長在一直無法於割據勢力間取得任何綜效後，即將辦理退休。

顯然該公司需要找一位業務整合高手接任，以有效執行橫跨歐洲的策略計畫。由於這個人也將是未來整家公司的重要接班人選，因此相關的要求特別嚴苛：必須兼具廣度與深度，有能力洞察外在變遷來調整企業活動，能快速穩固地建立新的管理團隊，同時能構想並執行一項充滿活力的策略。

傳統上，這個職位的人選會來自美國，其次是歐洲，不過當時這些可能人選中並沒有符合條件者。在後續的討論中，由公司的全球人才資料庫中發現了一位看似不太可能的人選。他是某開發中國家的公司領導人，出生、成長於當地，他一路晉升為該國的營業主管，而且過去三年表現優異，超乎任何人的預期。在許多公司，這個人根本不會被列入考慮之列，他們會轉而向外界求才。不過，該公司在經過一番縝密的考慮後，終於決定指派他接任歐洲的工作。後來，他果真表現良好，而且到二〇〇二年時，已經成為該公司執行長的熱門接班人選。

■　　■　　■

要確認某人是否適合擔任某一職位，其實不一定都像上例那麼一清二楚。有時候你可能得撤換一位績效卓越的主管，

> 有時候你可能得撤換一位績效卓越的主管，只為了換
> 上能帶領企業再上層樓的人才。

只為了換上能帶領企業再上層樓的人才。

夏藍：在一九八○年代末期到一九九○年代末期之間，某家大公司重要事業部的經理成功地將業務由全球第三提升至全球第一的寶座。他使業務全球化，擴增產品的服務，也大幅提高生產力。他的執行能力在整個公司幾乎無人可及。

但是在一次策略會議上，公司高階領導人得出結論，未來公司的營收若要能繼續成長，便需要重新定義市場需求，讓它更具有想像力、範圍更廣泛，同時還要運用新科技讓產品的開發速度更快，在價格上更具有競爭力。當執行長將這些策略需求連結到人員流程的對話上時，他發現雖然這位經理以往成就非凡，但該事業部若要更上層樓，必須有新的領導人與管理團隊。

這項決策對這位經理當然是個打擊。公司給了他幾個月的緩衝期，讓他獲得尋找新工作所需要的時間與支援。結果他在辭職前，順利找到一份能發揮才能的理想工作。事隔三年之後再來回顧，執行長當時的判斷相當正確。新的團隊績效優異，營收年平均成長率為15％，獲利年平均成長率更高達18％。

有的時候，問題已經很清楚，此時公司便應及早採取行動。我們在前面提過，領導人如果靠犧牲組織為代價而達成目標數字，可能會造成重大的損害。我們也看到，某些主管因本

在許多組織內，為創造執行的紀律，即使是一些最高階層也需要做出行為上的改變。

身的負面行為而導致團隊無法有效共事，耗損了整個組織的實力，讓公司最後不得不開革此人。要從一個人的行為來判斷他是否適任現有的工作並不困難，當然最好還是確定要讓正確的人擔任重要的職位。若能及早糾正員工的行為，對公司的競爭力關係重大。

在許多組織內，為創造執行的紀律，即使是一些最高階層也需要做出行為上的改變。幾年前在我任職的一家大型鐵路公司中，有位執行副總的行為對公司造成了重大的負面影響。此人 —— 姑且稱他為瓊斯 —— 在社交場合給人相當的好感，在辦公室裡卻是個令人生畏的殘酷獨裁者，他甚至會利用聯繫各州辦公室的內部通訊肆意謾罵員工。大家都心知肚明，他違反了公司一再重申的價值觀：尊重個人。由於他掌管了八成的預算與員工，所以權限龐大，足以影響不少人的前途。

遭到瓊斯粗暴對待的並非只有他的屬下，他對同僚以及執行長也倨傲無禮。執行長早先曾離開公司一段時間，再度回來後，被任命擔任這個最高職位。瓊斯認為這個位子原本應該是他的，所以對執行長毫不尊重。執行長是位聰明、高尚、態度溫和的君子，他嘗試用溫和的方式改變瓊斯的行為，卻得不到任何成果。他之所以還容忍著瓊斯，是因為考量瓊斯過去的貢獻。

有一天，我參加該公司決策委員會的會議，會中執行長以一貫溫文有禮的態度報告，指出決策委員會為達成特定績效

目標，必須大幅削減成本，而其中大多為瓊斯所轄領域。令我吃驚的是，瓊斯以粗鄙的語言以及傲慢的態度回應，斬釘截鐵地告訴執行長此事絕無可能。瓊斯毫不擔心會被革職，因為他吃定執行長是位謙和君子，而且他相信如果自己和執行長作對，董事會會站在他這邊。瓊斯還認為，如果他被迫離職，公司將會陷於癱瘓。不過這次，執行長可是打定了主意，並取得了董事會的支持，在一個月內就把瓊斯開除，令公司內部有如釋重負之感。在瓊斯的直屬部下接任之後，不一樣的作風，加上成本削減，股價在四年內就整整上漲一倍。

像瓊斯這種主管不但耗損公司元氣，也妨礙員工的發展。領導人若不能有效約束這種人，就是有虧職守。

■　■　■

健全的人員流程提供了一種有效的架構，能確保組織的長期人才需求無虞，並且得以規劃欲達成這些需求的必要行動。人員流程是以下列四項關鍵做法為基礎：

1. 連結策略計畫及短、中、長期階段性目標；連結營運計畫的目標，包括具體的財務目標。
2. 透過持續的改善、接班深度（succession depth）的分析、人員流失風險（retention risk）的降低，開拓領導

> 人員流程的第一項關鍵做法，就是與策略流程的階段性目標與營運計畫的目標相互連結起來。

人員流程：讓組織全面升級的第一波工作

1. 和公司短、中、長程的階段性策略目標連結，定義出公司營運模式所需要的「基本必要能力」，以評鑑及甄選人才。

2. 提供鑑別與培養人才的架構，建立領導人才儲備管道。

3. 決定該如何處理缺乏績效的人。

4. 人力資源要以公司績效為導向，找出關鍵性職務，派遣適當人選擔任。

　　人才儲備管道。

3. 決定該如何處理缺乏績效的人。

4. 將人力資源的任務與運作加以轉型。

▶關鍵做法一：
人員流程與策略流程、營運流程的連結

　　人員流程的第一項關鍵做法，就是與策略流程的短期（〇至二年）、中期（二至五年）、長期的階段性目標，乃至與營運計畫的目標相互連結起來。透過這樣的連結，企業領導人得以確保內部人力在素質與數量上，均能配合執行策略所需。

　　假設某家飛機零件製造商XYZ公司有項新策略，除了製造產品外，也提供各項解決方案，包括能維繫客戶並增加收入

的售後服務等;除此之外,XYZ公司還打算爭取航空公司以外的客戶。於是,公司的人員流程對話開始有了新的焦點:當業務性質由出售商品轉變為出售解決方案時,員工的技能組合需要有什麼更動。許多員工在現職表現良好,但是如果要執行新策略,公司勢必要重新評估領導團隊,並延攬新的銷售人才。這麼一來,哪些人的技術有落後之虞?訓練工程師從事設計解決方案這項新任務,需要多長的前置時間?又該由誰負責?

決定組織內哪些高績效員工將無法勝任未來新策略的挑

策略

成為全球XYZ系統的頂級供應商,並以多層次客戶為對象

策略的階段性目標

短期(0至2年)	中期(2至5年)	長期(5年以上)
● 擴展既有產品線,轉為出售解決方案	● 進一步擴大與深耕現有客戶類別	● 成為躍進式科技(leapfrog technology)先鋒
● 展開新方案,擴大對舊有客戶群的服務	● 發展中程方案,將解決方案銷售給新客戶群	● 建立更多有用的聯盟
● 確定擁有新科技所需的技能	● 評估與洽談聯盟夥伴	● 開發低成本外包的構想

戰，的確是相當棘手的社會流程 —— 有誰願意告知優秀的人
員，他們沒有能力更上層樓？不過，這項任務還是必須完成，
而本章所描述的人員流程正可迫使領導人正視這些問題。

　　將人員、策略與營運相互銜接起來，也有助於找出企業
下一年度的挑戰任務。XYZ公司必須改善供應鏈管理，這是
提供銷售服務給舊有客戶相當重要的技巧。除了新的技能之
外，XYZ公司還必須提升維修服務的業務，讓它成為直屬總
裁的利潤中心，以期獲得應有的重視與權責。

▶ 關鍵做法二：
透過持續改善摘要表、接班深度分析與降低人員流失風險來建構領導人才儲備管道

　　要達成中期與長期的階段性目標，非常需要有一個領導
人才儲備管道，以儲備可造之才。公司必須對儲備人才的現況
進行評量，判斷他們該加強哪些地方，以便能承擔更重大的責
任。經由評量所產生的討論結果，將可顯示公司的領導人才儲
備管道在質與量上是否合宜。就強化組織競爭優勢而言，沒有
比這更重要的事了。

領導能力評量摘要表（Leadership Assessment Summa-

ry）：領導能力評量摘要表乃是就一組人員的績效以及行為加
以比較，是一項有用的工具，可以建構出領導人才儲備管道的
全貌。以XYZ公司的摘要表為例（參見圖一），其中不僅可
以看出哪位銷售主管曾贏得大筆合約（績效），也顯示哪些人
與同事合作無間、哪些人喜歡單打獨鬥（行為）。要銷售解決
方案，顯然需要團隊合作，因此原本帶有個人英雄主義色彩的
銷售主管必須培養新的行為模式，才可能在新環境中成功。

　　領導能力評量摘要表全面檢視公司內潛力高、或可提拔

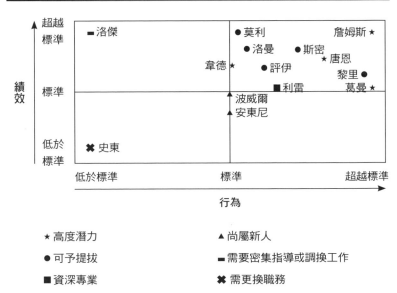

圖一　領導力評量摘要

的族群，他們在績效與行為方面兩者俱佳，也就是位於右上象
限。同樣的，我們也可看到績效超過標準但行為有待改善的人
員，還有兩方面都不符水準的人員。領導能力評量摘要表乃是
好幾項關鍵資訊及相關資料的彙整結果，其中包括持續改善摘
要表、接班深度分析、人員流失風險分析。

　　持續改善摘要表：這個表看起來頗類似傳統的績效評量
表，不過它除了列出關鍵的績效重點 —— 包括主要成就與未完
成目標，還對未來有待強化的事項提供明確具體的有用資訊，
並可協助員工持續改善績效（參見圖二）。

　　下面讓我們以蘇珊‧詹姆斯這位行銷副總裁為例加以說
明。在領導能力評量摘要表中，她被評為具高度潛力。她二
〇〇一年的績效重點，包括為新的解決方案銷售環境研擬維修
服務策略，以及為歐洲市場制定行銷與利潤改善策略。她在二
〇〇二年的挑戰則包括繼續執行維修服務策略，尤其是供應鏈
管理。雖然她重視客戶，也熟悉產業與產品，卻仍有一些待強
化的重要事項。她必須透過指導部屬來建立自己的團隊，設法
提升表現不佳者的技能，尤其是負責歐洲市場的人員。由於解
決方案的銷售計畫需要雇用為數可觀的新人，所以她也必須有
把握能有效整合新進員工。

　　持續改善摘要表構成接班計畫的基礎，顯示出組織內未
來可能晉升至更高階級的人才。蘇珊在現職上最多只需再待上

圖二 持續改善摘要表

員工姓名：蘇珊・詹姆斯，行銷副總裁　　　　　　成就、特質、行為

技能	優異	一般	低劣
企業智慧	●		
重視客戶		●	
策略眼光	●		
願景與目標	●		
價值與道德	●		
行動	●		
實踐承諾	●		
團隊精神		●	
創新		●	
用人		●	
培養人才		●	
績效	●		

成果概覽

2001年績效要點

- 配合解決方案的銷售環境，制定維修服務策略
- 為歐洲市場制定行銷與利潤改善策略

2001年未達成的目標
- 錯失兩筆香港與法國的重大交易
- 未能聘用一名負責大中華市場的華人行銷主管

2002年的挑戰
- 繼續執行維修服務策略

主要優點

- 企業眼光不凡
- 保持最高水準，並樹立了正確的榜樣

需要加強事項
- 聘用員工的技巧需要改進
- 必須投注精力培養部屬
- 要更積極地讓成效較差的員工升級

發展計畫
- 在人際技巧上需要專人指導

未來可能動向（短期：0至2年）
- 續任現職

未來可能動向（長期：2年以上）
- 如果進步明顯，應能經營一個事業單位

兩年；她已被明確認定為「明日之星」，預計不久的將來即可
晉升為事業部的總裁。

　　接班深度與人員流失風險分析：要進行人才規劃，並為
高潛力員工建立領導人才儲備管道，分析接班深度與人員流失
風險乃是重點工作。這兩項工作合起來看，正體現了「人才是
最重要資產」這句口號的意涵，也是探討個人需求以及調整或
升遷職位的依據。至於如何留住重要的員工，乃至如何找人更
替突然離職、晉升或不能勝任的人員，也都是要注意的重點。

　　人員流失風險分析檢視的是員工的市場價值、異動的可
能性、離職後公司將面臨的風險。如果員工擔任現職的時間太
長，可能會覺得升遷受阻，就比較容易考慮獵人頭公司的邀
約。以蘇珊而言，她對於企業的未來，以及是否能成功銷售解
決方案與維修服務這項新任務，都是個關鍵角色。因此，
XYZ公司會採取幾項行動留住她，除了立即認可並獎勵她的
貢獻外，還要讓她了解公司未來的計畫。此外，公司也會慎重
考慮，騰出一個較高階的位子，讓她有繼續成長的空間。

　　透過接班深度分析，公司可以得知本身是否有足夠的高
潛力人才，可供填補各個關鍵職位，同時也可檢視是否有高潛
力人才放錯了位置，還有如果不空出某項職位，是否有些重要
員工會因而求去。

　　奇異公司、高露潔、漢威聯合等公司擁有優異的人員流
程，使它們成為學習的標竿。一九九〇年代中期，奇異已成為

> 及早確認高潛力和可提拔的人才，可以避免兩種危
> 險：一是組織的惰性；二是某些員工升遷過速。

全球最佳的領導人才養成中心，各事業部總裁都是各方競相邀約的對象。他們的名字列於公司年報中，頂尖的獵人頭公司一直環伺在他們身旁。如何留住這些人才，就要靠奇異的人員流程發揮功能，除了蒐集相關資料，也提供財務上的獎勵，例如退休時才能變現的配股。不過，如果有任何一位關鍵人物真的離職時，這一流程也幾乎能在二十四小時內就找到接任人選。例如二〇〇一年春，奇異公司的設備事業部總裁江森（Larry Johnson）宣布辭職，前往艾伯森（Albertson）連鎖事業擔任執行長，結果奇異當天就提出繼任人選，甚至還在同一天公布了此一骨牌效應下所有升遷者的名單。

及早確認高潛力和可提拔的人才，可以避免兩種危險：一是組織的惰性（讓員工在同一職位任職過久，這在許多產業中相當普遍）；二是某些員工升遷過速（例如某些網路公司二十來歲的主管，根本毫無高階管理職位所需的經驗）。

夏藍：如果企業沒有以良好的資訊為基礎，建立健全的領導人才儲備管道，就可能會面對不少難題：一方面要顧及接班深度、留住未來領導人才；一方面卻要因應眼前的經濟現實層面，這樣的矛盾將會使公司很難做出取捨。最近有家大型的多角化公司就發生過這樣的事例。

該公司獲利金額第二大的事業部過去一直呈現擴張走勢，不過整體企業環境已經惡化，產業已呈現負成長，未來兩

年、甚至以後，都難見回升。該事業部總裁下一年度即將退休，繼任者勢將面對艱困的挑戰。他除了要進行新的削減成本的措施外，還必須調整組織結構，不再由每一產品線各自形成利潤中心，擁有自己的行銷、法務、人力資源與工程人員，而轉為配置共用人員的功能性組織。

這個職位的可能接任人選有兩位。其中一位是保羅，四十歲，極為成功的行銷人才，備受客戶與同僚歡迎，自事業部的內部一路晉升上來，也被視為七、八年後接任執行長的熱門人選。另一位是羅傑，五十多歲，是經驗老到的管理者，在公司另外兩個事業部有過輝煌的成功紀錄，由於他還有六年就要退休，因此與執行長一職無緣。

公司執行長極為青睞保羅，但事業部總裁卻對他懷有疑慮，擔心他不足以在日益艱困的環境中勝任愉快。他指出，保羅不曾承擔過利潤中心的責任，而且經過評估後，讓他更擔心保羅的韌性不足以處理成本緊縮、規模調整、與供應商談判，乃至企業重新定位等重要任務。至於羅傑，他認為比較有成功的機會 —— 他有過掌管幾個利潤中心的歷練，而且也展現了面對棘手問題的決策能力。

可是，執行長也擔心如果由羅傑接任，將會阻礙公司的接班計畫，因為保羅很可能會因而離職，而其他有志晉身領導人才儲備管道的人也會對自己的前途產生懷疑。同時，他也指出，一些未來的領導人才如果看到羅傑中選，會認為公司太過

保守。因此執行長建議：「我們給保羅一個接受考驗的機會。他的確是個難得的人才，我認為他會在這個職位上成長。」事業部總裁對此提出異議：「如果他無法成長到這個職位所要求的標準，我們可就麻煩大了。這個事業部對公司績效攸關重大，何況華爾街現在可是毫不留情。而且老實說，我根本就不認為他該列入接班人選之中。」

執行長與集團領導人決定徵詢更多的意見，於是邀請財務長與人力部門主管加入，四個人足足爭論了四個小時，而且不時出現火爆場面。最後他們得到結論，保羅不是該項職位的適合人選。在冗長的討論過程中，保羅的不足之處由他的成功紀錄中浮現出來。他從未需要面對逆境，而且在進一步探討他的人格特質後，大家認定他無法通過逆境的考驗。更有甚者，他們也相信他不宜再被列入可能的接班人選中。

經由這次經驗，公司的高階領導團隊學到了重要的教訓。他們了解自己高估了某位看來潛力十足的執行長接班人選，也決定為領導人才儲備管道制定更嚴謹的新準則。

▶ 漢威聯合的人才評估

人才評估（talent review）是人員流程中主要的社會運作機制。這些評估在漢威聯合稱為管理資源評估（management resource reviews, MRRs），每年春秋兩季在策略會議與營運會

> 各單位領導人必須就可能離職或異動的人員提出替代人選。

議之間各舉行兩天。公司上上下下都在被評估之列，一些最高層級的主管由執行長負責，下面各企業單位則由其總經理負責。評估內容除了員工在目前職位上的表現外，還列出可接任他們工作者的名單，同時也找出具有潛力而應在下一年度升遷的員工。當然，表現不良的員工及其處理方式也在討論之列，看看是否可透過經驗傳授而加以改善，或者他們根本不適合擔任目前的職位？各單位領導人必須就可能離職或異動的人員提出替代人選。除了個別員工的績效外，人才評估也會觸及組織設計、一般才能的開發、為執行組織策略，而有待強化的技能等。

漢威聯合的各級主管會花很多時間，來準備管理資源評估會議，因為除了直屬部下外，這些部下的直屬人員也歸他們負責。他們必須準備充分，除了說明自己的觀點外，必要時還要與別人討論，甚至為自己的看法辯護。別人會提出各種問題，詢問他們對培養屬下員工做了些什麼？這些人是否不斷成長與成熟？為何某些人績效不彰，主管對此有何對策？對於過去曾經承諾某些員工要協助他們發展的需求，目前進展如何 —— 他們是否受到指導，或是被分派其他較符合專長的工作？

參加評估會議的主管必須在一週前繳交書面的評量結果，如果報告不符標準，會遭退回重寫。維護流程的誠信是不容妥協的。

　　包熙迪：為何評量報告會遭退回？也許是用字含糊。如果主管評鑑某人表現「優良」，而且在待加強事項下註明「無」，他是在開玩笑嗎？連老天爺都還有些待加強的事項呢。如果主管告訴員工，他沒有任何需要加強的事項，又怎能協助他進步？我會告訴這種主管：「請你回去按照我們的要求，好好進行評量。」有時候，雖然評量本身十分中肯，但因主管不曾讓受評量者參與，所以同樣不符標準。

　　有時候，主管在評量報告中未提及某些重要事項，卻又在會議上提出來討論。譬如，某人的評量表上列出待加強事項為：「猶疑、衝動、不聽別人意見」，到開會時，提交此份評量表的主管又口頭補充說：「其實他還有其他行為上的問題。」為什麼不列在表上呢？這位主管又怎麼得知他有這些缺點呢？此時，我會直接告訴這位主管：「你沒有和他討論過的事情，也別和我談。如果他有什麼行為問題，請直接列在表上，同時也要讓他本人知道。」

　　這些會議有一個至為重要的目的，就是提供多元的觀點與評論。就算是最卓越的領導人也不能總是倚賴自己的印象。我們之所以在進行評量時謹慎費心，就是擔心自己的觀點多少難脫主觀色彩。不過，這樣的評估在團體內經過一陣子的互動後，情況便會改善。如果有好幾個人都曾對同一位員工觀察過一段時間，再透過強力的對話來彙集他們的心得，各人主觀的看法就能變得客觀。

> 就算是最卓越的領導人也不能總是倚賴自己的印象。

夏藍：談到人才評估，你會很驚訝，透過團體的形式，能夠何等精準、徹底而迅速地點出關鍵課題。以某家我擔任顧問的公司為例，執行長與一組人共同商討是否要由三十四歲的行銷副總裁華特接任某項職務。華特聰明、親切、誠實、有活力，口才也好，受到董事們的欣賞。他是未來執行長名單上的少數人選之一，而且在執行長的心目中，華特很可能算是首選，目前這項職務將會是他晉升途上的重要跳板。

小組成員中有好幾個人曾長期觀察過華特，而且也知悉曾與華特密切合作過的同仁對他的評價。然而，在討論的過程中，卻出現了原先評估裡未曾提及的三種行為，連執行長也未曾真正留意過。第一，華特似乎有滿腦子的念頭，卻不曾認真地付諸實行，而是將執行工作交給旁人。其次，他非常急於爭取大訂單，以致於即使有人提醒此舉可能需要大量增資，他還是不予理會 —— 對一個資本密集、高負債且獲利率低的公司而言，這是一個相當嚴重的錯誤。最後，他喜歡追逐超大型方案，對於獲利較高但投資較小的案子則不屑一顧。

這些都是非常具體的行為，是由親身與他共事的主管所觀察到的，而不是道聽途說、或評量表上的抽象項目。結果不到二十分鐘，所有小組成員 —— 包括執行長在內 —— 便達成結論，華特還需要再進步，目前不宜擔任該項職務或被列為執行長接班人選。

只要找出五位熟知某個員工的人共聚一堂，請他們敞開

胸懷，分享並討論彼此的觀察，再做出結論。你將會發現，在匯集這些人的不同觀點後，便會得到正確的診斷。這正是健全的人員流程的核心所在。

包熙迪：當我在做人員評量時，可能無法像自己希望的那樣，能很清晰地釐清思緒。但如果我把這些想法和我所領導的團體成員分享，他們反倒可能更準確地抓到我的想法。

例如，有一次我所領導的人才評估小組對威爾進行評量。他是一位前途看好的工程師，三年前加入公司，目前是某個業務單位的主管。根據他的上司所呈送的資料，我們逐一分析他的優點：技術純熟、了解客戶需求、願意接納建言、有創意、大家都喜歡與他相處等等。至於他的缺點：第一，他對營業數字不熟悉，常常不能達成目標；第二，他在業務上還不夠成熟；雖然其他方面他都相當成熟，但和業務相關的事項還有待磨鍊。第三，他還需要繼續接受指導。因此，我們很自然便達成結論：威爾很有潛力，但需要進一步加強。

小組成員對此大致同意，只有一個人有異議，他說：「其實威爾在財務成果上的表現，要比你們認為的好。如果考量他的處境，就可以發現他必須去克服一項有關產品與生產線品質的技術問題。」我們就此討論了幾分鐘，然後我說：「他沒有實踐自己的承諾。根據你的說法，他是情有可原，這或許有道理，不過事實是他沒有實踐承諾。讓我們和他一起針對這

> 我們同意別人可以有不同的見解。雖然不見得永遠都能取得共識，但你傾聽的意見愈多，便能獲得愈好的智慧結晶。

點繼續努力，看看能不能協助他有所改善。」有三個人同意，即使考量威爾的處境，也不會更改原先的評估：每個人都可能遭遇突發事件，能夠克服的人才是最後的成功者。

提出異議的人還是未改變他的看法，不過這無所謂 —— 我們同意別人可以有不同的見解。雖然不見得永遠都能取得共識，但你傾聽的意見愈多，便能獲得愈好的智慧結晶。

每次這種人才評估會議結束之後，我都會致函每位與會者，列出他們同意為部屬所做的事。對於人力規劃與領導人才儲備管道的建立來說，這些信函可以說是重要的回饋。以下就抽出幾封我過去寫的信函，舉例說明我會提及哪些事項（其中的人名與職位均做了更動）。我總是力求內容具體，也會在當年度內持續追蹤。

- 「你手下有一千名工程師，但你在第五職等（某個領導職位）只列出七名有高度潛力的人員，這顯然不夠！你的人力發展藍圖還必須加把勁，要再加入一項學習計畫以及向外徵才的辦法。」
- 「約翰 —— 如果他像你所說的那樣繼續進步，我們可以考慮今年在B產品上市後，讓他晉升為六職等（較高的領導職位）。他的屬下認為他行事作風過於保守，這並非好的領導方式。請協助他加強自信心，採取更開放的作風，也務必繼續與他保持密切的關係，我們

都希望他成功。」

- 「布萊 —— 他目前已經應付不來了。他的架構有待改善，而且在營運上無法及時扮演重要的角色，因此他目前的表現不夠稱職。請縮小他的工作範圍，並想辦法幫助他，讓他獲得必要的支援，並且讓他繼續保持鬥志。」

- 「我看不出你組織內的接班人何在，請務必注意培養你的繼任人選。我們這個複雜而多彩多姿的全球性企業需要最優秀的人才。隨著企業的成長，你的某些員工可能會變得落伍，所以你現在必須在人才儲備管道內納入更多高潛力人員，同時為他們提供機會。請設法改善團隊效率的問題，並且開始建立永續的團隊建構流程。」

- 「彼得 —— 只有被動反應，不夠主動。請給予他坦率的反饋，讓他了解自己並未展現我們期望該職務應具備的熱情。」

- 「茱莉 —— 快要燃燒殆盡。她所擔任的職位極為辛苦，你必須找人接替，並找出能讓她發揮多方面才能的方式。」

- 「格瑞 —— 重視過程多於結果。我們看不到他有追求成果的能力。他雖然比別人有學問，卻沒有績效。他的用人標準也不夠高，而且要求不嚴。他的領導才能

> 不管一個人迄今有多成功，每次升遷都是一個新的決定。你不能理所當然地認定他在下一個職位上也會成功。

有待加強。請務必給予一些協助。」

- 「馬克 —— 績效相當搶眼，不過，他必須修正過於自我中心的毛病，請直接告知他需要改進之處。」
- 「陶德 —— 有不錯的領導才能。調到Z部門，對他來說並不容易。你認為他有跳槽的可能，這令我擔心。讓他知道我們很快就會調他去負責一個利潤中心。」

▶ 關鍵做法三：
處理績效差的員工

就算最好的人員流程也不見得永遠做到適才適所，也不能保證人人都績效優良。有些經理人被升遷到自己無法勝任的位子，就需要再調整到比較不吃重的工作上；還有些人根本就應該請他走路。人員流程最後的考驗，就在於主管能否清楚區分這兩類的員工，以及能否適當地採取一些無法迴避的痛苦行動。

包熙迪：當你決定了某些人事案之後，你仍然可能在夜半時驀然驚醒。雖然你們已徹底討論過此人的資料，聆聽了各方意見，同時達成大家都頗為認同的結論，但不管一個人迄今有多成功，每次升遷都是一個新的決定。你不能理所當然地認定他在下一個職位上也會成功。

　　績效不彰主要是指無法達成預設的目標，像是經常未能盡到應負的責任，或是對特定情況的處理不符主管的期望等等。假設某位經理人面臨勞資問題，員工打算組織工會，雖然發生這種事未必可歸咎於這位經理人，但他必須帶頭防範工會成立。如果他未能挺身而出，持續採取有效而明確的對策，就可以說是績效不彰。

　　員工表現不佳並不表示他們就是壞人，只是表示他們的績效未能達到一定水準，因而影響到公司整體的成敗，所以必須採取迅速而公平的處理。例如，羅伯是製造方面的專才，我們請他擔任工廠經理。但一年之後，很顯然他並不能勝任這項任務，因為他對成本的膨脹束手無策，而一些攸關營運的重要職位出缺，他也未能迅速找人填補；看來我們勢必得決定該對他採取些行動。

　　我們並不希望羅伯離開 —— 他的技術背景優秀，而且人緣頗佳。所以，我們決定讓他轉任一個比較適合的工作，再考慮下一步該怎麼走。我們真的這麼做了，而他現在還留在公司裡。

　　還有另一個例子，席德在份內工作上表現優異，但是當他的部門要找新的總經理時，我們屬意的人選並不是他。雖然他有銷售上的專長，但是他卻缺乏領導才能，所以我們很坦率地告訴他，他的優勢在於客戶關係，而不是策略、人員或營運。他知道自己將不可能有機會參與公司的經營，但他還是選

> 如何讓離職者維持尊嚴，對強化績效文化的正面特質
> 是很重要的。

擇留下，而且表現良好。

有時候情況毫無轉圜餘地 —— 你必須請員工走路。但是，你應該想出有建設性的做法。舉例而言，假設當初我在聘用道格時做了錯誤的判斷，後來才發現他根本無法勝任。這時我可以直接告訴他：「道格，你被開除了。你的表現不好，所以請你走路。」但是，如果我真的這麼做了，他離開時必然帶著滿腔怨懟。誰能保證他在往後的工作上不會和我們公司有接觸，或有機會碰到我們既有客戶或潛在客戶，這時候如果他對漢威聯合充滿了負面意見，對我們絕對沒有好處。

因此，我可以換一種方式，請他到辦公室來，然後和他商量：「是這樣的，道格，我們兩個人都犯了錯。我顯然沒有把這份工作的性質講得夠清楚，而你的表現也不夠好。現在我們必須做些調整，讓你能全身而退。首先，我會發給你一年的薪水，畢竟我的過錯不少於你。其次，如果有人向我徵詢對你的看法時，我不會說謊，我會告訴他們你有些事情做得並不好；不過我也絕不會刻意打壓你。第三，我會想辦法讓你能夠維持尊嚴。」

這時他可能會說：「我希望能主動辭職。我希望能告訴別人，是我想轉換跑道。」我會回答：「我們都心知肚明，你不是主動辭職的。不過如果你覺得這樣比較好過，那也無所謂。」如何讓離職者維持尊嚴，對強化績效文化的正面特質是很重要的。

> 人力資源必須整合到企業流程中，與策略、營運乃至人員評量銜接起來。

　　有時你不須採取行動，對方就會知道自己不適任。我再度回漢威聯合後，立刻展開加速公司營運步伐的行動；九一一事件後，我們對速度的要求更加迫切。有位經理人在十月時求見一位高階主管說：「我不喜歡這種快速的步調，也不喜歡讓公司的事情太過干擾我的生活，所以希望能在年底退休。」這位經理人年近六十，為人處事上都表現良好，可是不適應激烈緊張的環境。我得知這一訊息時，很欣賞他的誠實。我寧願他能主動告知，而不是等到績效退步後再讓公司要求他退休。我告訴他：「我們前面還有艱苦的一年，而且情況也無從預測，所以勢必還有一些辛苦的工作要做。你的決定很正確，我們也不會虧待你。」當然我們的確沒有虧待他。

▶ 關鍵做法四：
人力資源與企業經營成果的連結

　　如果你認為人力資源在執行文化中沒那麼重要，且讓我們來糾正你的印象。其實人力資源的重要性更勝以往，只是角色上有了顯著的改變。人力資源必須整合到企業流程中，與策略、營運乃至人員評量銜接起來。和傳統的人事功能相較，人力資源的這個新角色更著重雇用導向，也成為推動組織向前更有力的推手。

　　漢威聯合的人力資源資深副總裁瑞林傑曾這麼說過：

> 人力資源的人員不僅要專精於本行，還必須具備企業
> 領導人應有的特質。

「替包熙迪（即本書作者）這樣的人做事常會讓人覺得不可思議，他可以身兼財務長、人力資源長與策略長三重角色，而且，他對於如何讓人力資源部門的員工一展長才，為公司爭取績效，也有相當系統化的看法。他要求組織必須盡全力賺錢，他對人力資源人員所講的話，和對行銷人員沒什麼不同：『我希望有比其他人都高的利潤，為了達成這個目標，我們必須要有優秀的人才，而且給他們的訓練要比別人更好、更快。我們需要的教育計畫是專注於關鍵業務的事項與問題，就是那些攸關重大的事務。人力資源部門的角色就是協助我解決這些問題。』」

「包熙迪到聯合訊號之後的優先事項之一，就是要多多發揮人力資源的專才。發揮人力資源的功能，乃是讓組織全面升級的第一波工作，而這也讓我們其他方面的工作事半功倍。」

「我早年的經驗與此完全不同。當時經理人會指派人力資源部門去雇用員工或執行某項計畫中的特定部分。例如，如果他們打算關廠，你就得負責去和工會談判。今天人力資源部門的性質已經截然不同。人們會期待我們對於該如何達成企業目標或策略計畫，也有自己的觀點，因此我們的角色十分類似財務長或其他參與管理流程的成員。人力資源的人員不僅要專精於本行，譬如員工的教育與發展、如何留住人才、如何激勵組織的動力與士氣等專業技巧，還必須具備企業領導人應有的

特質，諸如經營智慧、知道該如何讓公司賺錢、能做批判性思考、渴望獲得成果、有能力落實執行策略等。」

目前很少有公司的人力資源專才會以公司的績效為導向，不過這類公司正不斷增加中。以百特國際公司（Baxter International）為例，人力資源就極為重要，無論是在評量、發展與晉升員工的嚴謹流程中，或是在公司的策略規劃上，都扮演核心的角色。

百特是一家全球性的醫療公司，專精於瀕危病患的急救治療。公司設定在未來十年內，要將七十億美元的營收加倍，其做法是充分運用並擴張現有的生物、製藥、醫療器材、資訊與顧客服務等產品組合。對這項策略而言，如何做到適才適所至關緊要。執行長克雷默（Harry M. Jansen Kraemer, Jr.）在一九九〇年代末（當時他是財務長），即透過出售成長緩慢的業務以及整頓財務來進行公司重整。一九九九年出任執行長後，他將人員流程列為三大最優先事項之一（其他兩項為：專注於客戶與病患身上、為投資人投供良好的報酬）。克雷默本人及直屬於他的主管所組成的「執行管理小組」，都深入參與人員的甄選與發展，而且公司的策略、營運、人員三項流程也緊密地相互結合。

百特的第一線主管、成長規劃人員與人力資源人員會共同合作，一起確定為執行公司未來數年的策略所需用到的特定專長與技能。例如，資深人力資源副總裁塔克（Mike Tucker）曾說：「二〇〇一年，在策略性成長規劃流程中，我們找出政府管制相關事項、賠償事宜、策略性醫療行銷這三者，是組織應強化與培養的能力。接下來我們就組織一些小組，將我們的需要、目前的實力，以及如何消弭兩者間的落差，都一一詳盡列明細節。」

這些小組都是由第一線主管領軍：負責賠償計畫的是品管部門主管；負責研究管制事項的是政府事務部門主管；而行銷事宜則由一位行銷副總裁負責。這類領導經驗使主管們獲得寶貴經驗，並從中學習如何領導跨業務、跨地域的團隊。

找出關鍵性職務

找出關鍵性職務並派遣適當人選擔任，乃是百特策略流程的重要部分。每年有半天的時間，各項業務單位主管及其人力資源副總裁會和克雷默與塔克共聚一堂，分別就不同企業單位、區域與功能，找出策略上具關鍵性的職位，並確認現任者均為適當人選。不過，這一評估會議只是整個流程的一部分，平時克雷默與塔克就會常不拘形式地就一些重大課題彼此交換意見，或者與各業務部門領導人及其人力資源主管會談。

所謂關鍵性職位，層級未必一定很高。塔克指出：「在組織中，這些關鍵性職務的層級可能並不高。譬如，有可能會是某項產品的醫療試驗主持人，因為這項產品能否獲得認可，

攸關未來三年的策略。我們可能會問：『根據未來三年腎臟業務的走向，我們的政策應該注意哪些關鍵事項，哪些職位又對政策的執行十分重要？』然後，我們會評量現任者的各項技能是否符合需求。我們的邏輯是，既然這些職位攸關未來三到五年的策略執行，我們就要讓最優秀的人才來擔任這些職務。我們必須現在就確定適任人選，因為這些職位太重要，不容他們慢慢適應。」

「這種做法迫使主管們認真思索，確認什麼是關鍵性職位。第一年我們請經理人找出關鍵性職位時，每個人都將所有的直屬部下列在名單上。於是我們不得不告訴他們：『請注意，或許你的銷售副總裁的確很重要，不過，他在你執行新策略時，可能並不那麼關鍵。』」

「當我們考量員工是否適任時，會將他們歸為三類：適任、有待加強、或應採取行動。如果屬於適任這一類，我們只要在上面盯住他的進展即可。如果是有待加強，就表示我們認為他有達成目標的能力，不過可能需要我們從旁助一臂之力：也許他財務方面不強，所以我們必須讓他搭配一位精明的稽核，並提供必要的組織性協助。如果員工被歸為應採取行動一類，就表示不宜再擔任現職，應該請他離職或調往組織內其他可勝任的工作。我們要求各相關業務主管負責在半年內處理好這類問題。」

百特有一份「高階職位候選名單」（senior slating），能

為公司內三百二十五個副總裁的職位挑出候選人，這是公司更新人員流程後的招牌之作。塔克解釋：「由於這份名單受到大家矚目，所以的確有助於扭轉我們的文化。」他每週四會發送語音郵件給公司最高階的一百五十名人員，讓他們了解有誰離職，有哪些副總裁職位出缺，又有哪些人填補了原先的空缺。他會列出出缺職位以及候選人應具備的條件，好讓這些領導人推薦適當人選。他們如果有興趣，也可以毛遂自薦。

各單位的資深人力資源主管會在下個星期一的週會上討論各方推薦人選，整理出初選名單。塔克說明：「起先可能會有十五個名字，一一過濾之後，只剩下幾個最適合的人選。在這樣的會議中，有時可能得抬出公司這頂大帽子。例如，某人可能說：『我們同意史迪是很有實力的人選，但是他的部門主管不會甘願放人，因為那裡實在少不了他。』此時，我們必須說：『你說得沒錯，不過由公司的觀點來看，這個職位更重要，所以我們應該讓他列入候選名單。』當然也有剛好相反的情形，我們可能得說：『我知道你們覺得這個人非常合適，可是公司真的不希望讓他異動。』」

接下來兩三天，大家根據這份名單蒐集相關資料與意見，再決定推薦人選。然後塔克會將最後的候選名單交給下週的執行管理小組會議，列為首件決議案。

塔克說：「這個流程加速了人選的確定。一九九九年實施這個流程之前，要敲定一個副總裁的空缺平均要花十六週；

但是今年第二季之後，效率大為提升，時間已縮短為七週。我們進行得相當有紀律：每週檢視一次，然後立刻著手行動。推薦人選的素質與廣度都大有改善，不像從前，不管什麼職位，大家提出的老是那五個名字。」

「這個流程在其他方面也幫助甚大，譬如執行管理小組對公司位階第一百五十至三百的高階人員，便有了更深入的了解，因為推薦名單就出自其中。對我個人而言，也讓我擴大了溝通的層面。我發出的語音郵件遍及整個組織，所以每當我到各單位拜訪，進到某間廠房或辦公室做自我介紹後，常會有人說：『對了，你就是那個留下語音郵件的人。』我們很期望能培養出開放的溝通風氣，這個流程的確有助於創造出這種氣氛。」

▶ 健全人員流程的典範

如何才能創造並維持健全的人員流程，其實並沒有一套標準制度可言，不過有幾項原則是不可或缺的：正直、誠實、共通的做法、共通的語言、頻率。其中重要的關鍵就是坦率的對話。杜克能源（Duke Energy）人力資源總裁洛菲（Chris Rolfe）稱之為人員流程中的「不定時炸彈」（live ammo），也是人員流程中的社會軟體。

杜克的營業規模有四百九十億美元（二○○○年年

底），從事各類能源的生產、運輸、管理。杜克和百特處境類似，必須發展新的策略方向，因為一九九〇年代能源產業解除管制後，許多舊有的設施模式已經落伍。杜克由單純的生產與出售能源逐漸轉型，新的策略涵蓋許多不同形式的資產，如電廠與輸氣管、在市場上買賣天然氣與電力，以及從事風險管理等金融操作。

新模式的運作需要一組全新的人員。洛菲說：「一九九八年，董事長普萊歐里（Rick Priory）要求我們對全公司進行第一次評估，結果發現當時的人力並不足以應付新策略的執行 —— 或許也無法擊敗一些最強悍的競爭對手。一般說來，執行新的模式和經營制度健全的獨占性企業，兩者所需要的人才，其DNA根本就不同。要執行新模式，營運的能力當然絕不可少，而財務、商業、風險評估乃至行銷的能力也極為重要。」

先建立評估架構

一九九九年，杜克開始建立新的人員流程。洛菲指出：「我們最先要問的問題是：這個流程會是什麼樣子？我們透過相當嚴謹的過程，來定義新營運模式所需要的『必要能力』。我們開始和一小群決策主管討論，以建立起一個評估的架構，再以五百位高階主管為測試對象加以驗證，結果這些必要能力

現在我們不會只是説：『他是個好人』或『她實在很聰明』，我們會説：『我們在這個人身上看不到經營的才能』或『這個人的主要能力在營運方面，但是似乎欠缺策略性眼光』。」

所得到的相關係數極高 —— 根據我們顧問公司的說法，是他們見過最高的 —— 也就是說，這些能力可以精準地預測某人在新營運模式中能否成功。我們將這個人員發展與評量模型稱為『杜克的成功領導團隊』。」

杜克公司的團隊確認出四組基本的必要能力：功能技巧、企業技巧、管理技巧、領導技巧。洛菲以自己為例說明（他在轉入人力資源領域前是位工程師）：「假設杜克考慮聘請我擔任人力資源部門的主管，我當然得具備人力資源的專業背景 —— 了解退休人員所得保障法（ERISA）、人事、訓練、薪資等等 —— 這些都屬於功能性技巧。我也必須具備企業技巧，像是了解杜克的營運模式以及業務內容。另外，我還要懂得管理，這是杜克用人時的重要條件，因為杜克的營運模式中，幾項重要支柱便是管理、規劃、組織、指導與控管。最後一項是領導技巧，公司會這麼問：『洛菲是否具有基本的領導能力，足堪在本公司擔任高階主管？』」

「我們花了一年左右的時間，評量員工在這四組基本能力上的表現。經過這個過程後，形成了我所謂的共通語言，也就是評論員工的共通方式。因此現在我們不會只是說：『他是個好人』或『她實在很聰明』，我們會說：『我們在這個人身上看不到經營的才能』或『這個人的主要能力在營運方面，但是似乎欠缺策略性眼光』。」

要有全公司通用的系統

由於杜克是屬於分散型組織，所以洛菲只負責人力資源流程中的三項工作：約兩百名最高主管的薪資、國內福利，以及建立全球人力資源網路資料系統。「我們嘗試擷取類似奇異公司年度領導與組織檢討會的優點，卻沒有那麼系統化、標準化或一體適用，因為我們有自己的治理模式。資料系統相當重要，我們也在這上頭花了不少時間和金錢。很少公司有一套能涵蓋整個企業的系統，尤其是經歷過一連串購併的公司。不過，當我詢問像奇異這樣的公司時，他們告訴我：『有個好的資料系統是最重要的事，因為根本的問題在於，究竟有哪些人在這裡工作？假如沒有一套全公司通用的系統，你根本無法回答這個問題。』」

這個系統在規劃接班人選上相當有用。「我們開始建立主管履歷表的全球資料庫，這是一個共通系統，連結到薪資、股權與安全等系統。我們為每位高階主管製作一張八・五乘十一公分的卡片 —— 我喜歡稱之為棒球卡（baseball card）—— 上面有照片、薪資、個人資訊、評鑑等。現在我們一講到某人，這些資料就在眼前，大家都根據這張紙上的資料來發言，上面不只有姓名，還有學歷、事業興趣、發展計畫、參與的組織、第三者的評估（如果拿得到這樣的資料），還有目前與過去的薪資。」

「經理人還必須進行一項人員穩定性評量，這是一個三乘三的矩陣，分別評估員工『個人角色的關鍵程度』以及『未來五年是否繼續留下』—— 可區分為高、中、低三等。如果你是一位懶散的人力資源主管，看來並無異動打算，對公司也沒什麼價值，你就會被歸類為異動風險低的人員。如果你是位炙手可熱的財務MBA，具有經營公司的能力，對其他公司頗具吸引力，你就會被評量為異動風險高的人員。」

　　「所以，不論身在何處，我們都有同樣的方式、同一個系統，將資料輸入一個共通的電腦資料庫。大家的資料可以印在同一張紙上。」

　　不過，這一系統的硬體只是人員流程的基礎，關鍵的軟體乃是在組織的對話，由遵循共通準則開始，終於坦誠的評量與回饋。

領導人帶頭誠實、積極、負責

　　「人力資源部門雖然可以建立這許許多多繁複的系統，但要使這一切成真，還得靠公司的領導人—— 在我們公司的案例中，還要加上市場因素以及重要人才的短缺等考量。執行長普利歐里教這個企業如何徹底做到誠實，而且讓大家對『什麼才算好』有更高的標準。舉例而言，如果我的上司在提出有關我的評估報告時說：『洛菲在每項必要能力上都無懈可擊。』

這時普利歐里就會糾正說:『我知道洛菲。他在任何一項都稱不上無懈可擊。其實他在這兩項幾乎不合格,另外八項表現只是一般,只有這四項相當不錯。』」

「普利歐里為我們設定的績效標準,無論就積極進取與權責分明的角度而言,都不遜於我所看過的其他公司。和同業相比,在某些方面我們顯然表現較佳,如股東權益報酬率、資產報酬率、獲利成長等;但是,如果你再看看我們的紅利支付項目,卻是低於平均水準。這是怎麼回事?答案就在於我們的文化要求員工負責任。普利歐里對目標數字的達成 —— 當然是以正當的方法達成 —— 絲毫沒有妥協餘地,所以人人都體認到,如果不能適人適任,就根本達不到他的要求。因此,我才會一直談『不定時炸彈』 —— 也就是坦誠 —— 的重要。我們的員工承受極大的績效壓力,漂亮的場面話變成大家再也消受不起的奢侈品。」

杜克能源主要的社會運作機制是普利歐里的政策委員會,成員除了他本人,還有三大事業部首腦、四項主要幕僚功能的主管 —— 包括法務、財務、行政、風險。這個委員會隔週開會一整天;正式討論人事與才能的議題,一年有三或四天,不過許多人力相關事項仍是在隔週會議中解決的。

洛菲解釋說:「這種做法更具有持續性與即時性。我們每天都在更新計畫,因為我們的組織隨時都在變動。由於採用電腦化系統,可以即時輸入資料,進行新的接班人選與才能評

估。」

「普利歐里的協力管理模式還包括讓委員會的成員互相為彼此負責。沒有政治，沒有廢話，每個人的意見都很重要。這雖然不是民主制度，可是他們會就一個議題，從各個層面徹底進行辯論。而且常有一兩位成員不論議題是什麼 —— 購併、放棄投資、業務決策 —— 總是能直言不諱。這就是公司文化的展現。」

這也就是讓杜克能源的制度能夠順利運作的社會軟體。洛菲從中歸納出四大要素：「第一，一個要求高績效而且權責分明的文化，促使主管為自己的單位尋求最好的人才。第二，最高領導人不但願意，而且隨時準備對人才評量提出質疑。第三，高階主管間會同心協力，大家都相信彼此能理性而公平地相互負責，而且也會相互督促，就像最高領導人正督促著大家一般。第四，公司讓我這個人力資源部門主管有權推動大家，由於工作性質之故，我可能會持有相當不同的觀點。雖然我在公司內的職位不低，但是和那些最高主管還是無法相提並論。不過我提出報告時，大家都會注意聆聽。這與階級高低無關，而是在於個人的可信度與觀點。」

■　　■　　■

如果公司能持續蒐集員工的相關個人資料，加上主管也

> **人員流程始於逐一的評量，不過如果加以發展，成為公司全體參與的流程，卻能成為效果驚人的執行工具。**

了解自己的員工，熟知他們和他人合作的狀況，以及他們是否能獲致成果，就可以讓人員適才適所。透過持續一貫的做法，可以養成評鑑與甄選適當人才的專業素養。人員流程始於逐一的評量，不過如果加以發展，成為公司全體參與的流程，卻能成為效果驚人的執行工具。我們在下一章要討論策略流程，當然最重要的部分就是它與人員流程的密切關係，因為策略畢竟來自人的腦袋。如果公司擁有適合的人才，它的策略多半也能與市場、經濟與競爭情勢的現實面相契合。

第七章

策略流程：
與人員流程、營運流程連結

任何策略的基本目標其實都很簡單：贏得客戶的青睞，創造永續性的競爭優勢，同時也為股東賺到足夠的錢。策略界定了企業的方向與定位，並讓企業得以往這個方向移動。但是，為什麼會有那麼多策略以失敗收場？

很少人了解，一個良好的策略規劃流程，需要對策略「如何」執行的各項問題，投注最多的心力。健全的策略絕對不是數字的堆砌，也不該淪為占星家式的預言，只套用同樣的公式，年復一年推定未來十年的預估數字。策略的實質與細節必須來自與行動最為接近的人，他們應該了解本身的市場、資源以及自己的強弱勢所在。

當今的策略計畫必須是一個行動方案，可供企業領導人具體達成其企業目標。在制定策略時，領導人必須自問，組織是否有能力做到一些欲達成目標不可或缺的事情，又該如何著手這些事情？要擬定這種計畫，首先需要確認並界定策略背後的關鍵課題。你的企業在整體企業環境中，包括市場機會與威脅、競爭優勢與劣勢的定位如何？一旦計畫擬定後，你必須再問：計畫所立基的假設正確性如何？各項替代方案的優缺點為何？組織是否有能力執行這一計畫？為確保計畫長期的成功，短期與中期該做些什麼？這一計畫是否能因應企業環境的快速變遷而有所修正？

為了不讓策略與現實脫節，你必須將它與人員流程連結起來：是否有適當的人員能夠執行你的策略？如果沒有，你打

> 如果一項策略不重視「如何」執行的問題，就很可能
> 會失敗。

策略流程：要對「如何執行」策略投注最多心力

1. 區分事業單位與公司層次的策略。

2. 策略基本要素只能少、不能多。

3. 要由負責執行的人制定策略，才能發揮效果。

4. 了解組織達成目標的能力。

5. 列出策略的具體事項，將其與人員流程及營運流程銜接起來。

算如何網羅人才？另一方面，策略計畫的各項具體細節必須與
營運計畫銜接起來，如此一來，不同部門間的動作才能步調一
致，往你所期望的地方邁進。

▶ 「如何」執行才是重點

　　如果一項策略不重視「如何」執行的問題，就很可能會
失敗，美國電話電報公司就曾有過這種慘痛的經驗。當一九九
七年阿姆斯壯（Michael Armstrong）出任該公司執行長時，公
司主要的獲利來源是長途語音與資料業務，至於無線通訊所占
比重較低，但是成長趨勢看好。公司的財務報表沒有瑕疵，負
債相當低，股價則在四十四美元左右。不過當時外界環境正在
變動：長途電話費率隨著新競爭者加入，不斷下跌；華爾街則
看好網路公司與有線業者，認為這兩者會有較強勁的成長潛

力。

　　阿姆斯壯因應這種情勢，擬定了一項新策略，好讓公司不致在新興的成長市場中缺席。他認為公司的大好機會，是為客戶提供一次購足的資訊傳輸服務：透過電話或網際網路提供長途與本地的語音與資料服務；透過寬頻提供多媒體服務。要提供這些服務，公司勢必得直接接觸客戶，但是客戶資料卻掌握在地區性電話公司手中。公司衡量了好幾項方案，其中包括在重要都會區建立自己的基礎架構，甚至購買有線業者。

　　阿姆斯壯所擬定的策略有四大基本要素：（1）收購有線業者，以期能與客戶有直接的實質接觸；（2）提供客戶整套服務，在他們的通訊支出中搶占比對手更高的比例；（3）採取快速行動以創造營收成長，抵消長途電話收入的減少；（4）根據一九九六年通過的電信法所執行的各項管制措施，應可防堵地區性電話業者加入競爭，因為依規定，它們必須先將其網路完全開放給長途業者。

　　這項策略看來頭頭是道，也受到證券分析師的捧場，市場的初步反應相當正面，然而最後的結果卻是一敗塗地：二〇〇一年十二月，公司將原本以一千億美元購得的有線業者股份轉賣出去，買主通訊廣播公司（Comcast）對股權部分支付四百四十億美元，再加上承擔二百五十億美元債務。這一行動使得美國電話電報公司形同回到原點，股價也因此跌落到十八美元。

美國電話電報公司的策略無論與外部或內部的現實都脫節，因為當初它並未測試某些關鍵性假設是否確實，也沒有為假設一旦不成立的狀況預擬應變方案。

　　究竟出了什麼問題？為確保這項策略的成功，上述四大基本要素都必須健全，但事後檢討起來，證明這四者其實是建立在錯誤的假設上。公司寬頻業務的主力，是收購的TCI與Media One這兩家形象良好的有線業者，再加上一些既有的業務。購買有線業者的交易所費不貲，而同時間，長途費率的下跌速度又超乎預期，導致公司股價應聲下跌。在這種情形下，收購行動的成本就相對更高，也為資產負債表增添了巨額負債。此外，消費者對整套服務的興趣也不如預期，而且公司在行銷的方式與時效上也未盡理想，計畫執行所花費的時間遠超乎當初的規劃。最後，政府對電信法的管制規定也不像原先所想的那樣切實執行，讓公司幾乎腹背受敵：一方面，地區性電話公司進入了長途市場；但另一方面，長途業者對地區性客戶的掌握卻達不到預期水準。

　　美國電話電報公司在一些關鍵人員的挑選上也嚴重失誤。三年內共有三組主管負責有線業務，卻全都成效不彰。當主要投資者如加州公務人員退休基金（CalPERs）與教師退休基金（TIAA-CREF）對公司寬頻業務的執行表達不滿時，股價又承受另一次重擊。

　　美國電話電報公司的策略無論與外部或內部的現實都脫節，因為當初它並未測試某些關鍵性假設是否確實，也沒有為假設一旦不成立的狀況預擬應變方案。公司不曾考量本身的能力是否足夠與雄心勃勃的對手們在變動快速的市場上一爭高

> 無論多複雜的策略，只要清楚界定出基本要素，就能
> 以短短一頁的篇幅將策略的本質呈現出來。

下。自獨占時期以來，公司文化並未有太大改變，因此無法快
速有效地執行，以致於貽誤計畫的迅速推動。

▶ 策略的基本要素只能少，不須多

任何策略的實質內容都是由一些基本要素所構成，這
六、七個甚至更少的關鍵概念與行動，共同定義出策略的內
涵。一旦清楚點出這些基本要素，就可使領導人在討論政策時
陳述得更清晰，判斷政策良窳及其原因時也有所依據，同時在
需要探討其他選擇方案時也更為省力。

無論多複雜的策略，只要清楚界定出基本要素，就能以
短短一頁的篇幅將策略的本質呈現出來。以某家工業公司的一
個事業單位為例，它是各大汽車製造廠的供應商，一九九一年
規模達五億美元，但因產品屬於大量生產商品，不斷承受客戶
要求降價的壓力，所以只能勉強維持損益兩平。這個事業單位
因而擬定一項新策略，包含三大基本要素：第一，為降低成
本，將生產由美國移往海外一些有地利之便的據點，以服務全
球客戶與當地市場。第二，持續更新產品設計，以達成技術的
差異化，從而增加產品價值，提高售價。第三，建立新的組織
架構，並配置精選的管理團隊，行銷仍維持本地化，但產品開
發、技術、製造與財務則由全球化組織負責。

這個事業單位同時執行策略的三大基本要素後，在營收

> 區分事業單位層次的策略以及公司層次的策略非常重要。

與獲利上表現卓越,目前躋身世界前十大汽車廠的頂級供應商。

　　該單位的主管的在整個流程中都不忘與現實保持接觸。舉例而言,原本的計畫擬將技術方案由美國遷往成本較低的國家,結果因遭到美國工程師的抵制而打消。此外,主管也注意策略能與時俱進,所以每年會對計畫進行三次檢討,以配合情況的變遷,隨時修正。

▶ 區分策略的層次

　　本章的焦點屬於事業單位的策略,不過請注意,區分事業單位層次的策略以及公司層次的策略非常重要。

　　公司層次的策略,是將資源配置於各個事業單位的工具,但不宜僅單純地視為各部分的總和,否則各事業單位大可自行獨立出來,甚至還可能因節省固定成本的分攤,而因此表現更佳。公司領導人必須為事業單位層次的策略增添價值。以奇異公司而言,前執行長威爾許所引介的「無遠弗屆」做法,就確保分散各處的的企業經理人可以不斷交換觀點與最佳做法,從而大為充實了公司的智慧資本。

　　公司策略也定義了公司的界限 —— 公司所希望參與的事業以及主要的競技場何在。舉例來說,漢威聯合是家工業公司,它的消費性產品就算再精采,也不可能在這個領域上有很

好的表現。

　　公司層次的策略會分析各類業務的組合，並研判此種組合是否應該改變，以為公司爭取最佳的永續性報酬。例如，奇異公司在雷根總統任期屆滿時退出航太業，主要係考量政府的國防支出將會相對滑落，而且業界會出現快速整合。執行長威爾許認為，若將公司的財務與管理資源放在其他地方，能獲取更高的報酬。同時公司還配合施行一些能提升整體績效的措施，如六標準差、數位化、優良人員流程等，這些都有助於提升策略價值。奇異公司著名的人員流程，最初只是威爾許的一項人力資源方案，旨在以有系統的方法評量人才，以協助培養未來的領導者。近期奇異又將尋找「明日之星」（diamonds in the rough）的行動列為正式活動之一，希望為公司覓得一些有實質內涵，但尚未嶄露頭角的人才，或者被埋沒在其他公司的人才。這些人可能因為本身無法控制的因素——如壞上司的壓制——而沒有表現。這項方案希望協助這些人轉換到比較好的環境，讓他們能夠成長，並在未來承擔起更重的責任。

▶ 制定策略計畫

　　企業單位在規劃策略時，會以具體的方式清楚列明本身的方向：目前在哪裡、未來要往哪裡、又該如何到達。企業還會計算為達成預定結果的成本，也就是需要多少資金，同時也

會分析涉及的風險，並且賦予策略充分的彈性，以因應可能出
現的機會或計畫失敗的情況。策略說明書會闡明企業在其市場
區隔地圖（market segment map）架構中的定位，並分析競爭
者的強弱勢。

事業單位策略說明書的篇幅以不超過五十頁為宜，而且
要容易閱讀，同時可以用一頁的長度說明其基本要素，而彰顯
策略的精義所在。如果你無法在二十分鐘內，用簡單清楚的語
言描述你的策略，就代表你根本沒有一個計畫可言。或許有人
會說：「可是我的策略很複雜，不可能濃縮成一頁。」這純屬
無稽之談。複雜的是我們對策略的相關思考，而不是策略本
身，因為每項策略歸根究柢都應該可以歸納為幾項簡單的基本
要素。

包熙迪：良好的策略就是一組你希望遵循的指示，它就
像一張簡明的地圖，讓你有很多發揮的空間。等到你要決定計
畫的行動部分時，就必須列出策略的具體事項，並將其與人員
流程以及營運流程銜接起來。

誰來制定計畫？

策略必須由未來負執行之責的人員 —— 即現場人員 ——
制定，並為他們擁有，才能發揮效果。幕僚人員可以透過蒐集

資料與運用分析工具參與協助，但是策略計畫的實質內容必須由事業的主管負責規劃。

這些人了解企業環境與組織能力，因為他們就身處其中。他們居於最有利的位置，可以引介各類觀念；他們了解哪些想法在市場上行得通，哪些行不通；他們知道組織需要哪些新能力；他們會權衡風險，評估各項選擇方案；他們也懂得如何解決某些規劃時攸關重大卻總是未能解決的課題。當然，並非人人都能經由學習而成為優秀的策略思考者，但只要透過團體的運作，由一位對企業及其環境有全盤了解的領導人指導，並運用執行文化中居核心地位的強力對話，人人就可皆有貢獻 —— 而且都能因參與對話而獲益良多。

良好的策略流程是教導員工如何執行的最佳方式之一。我們的心智會更能察覺到變動，這是無法由書本資料得到的。員工會對企業與外在環境了解更多 —— 不單只有資料與事實，還包括如何分析與判斷。計畫是如何形成的？如何協調步伐？他們發現自己也有洞察力，並逐漸培養出自己的判斷與直覺。他們由錯誤中學習：「為什麼我們在做假設時，不曾預見會導致失敗的變動呢？」討論這些事情，可以激發大家的興趣與合作精神。另一方面，這種因討論而滋生的能量，又可使策略流程更為健全。

包熙迪：事業單位的領導人應該以策略的制定為己任，

漢威聯合事業部門的策略計畫特別留意企業環境、競
爭局勢以及行業中成功者勝出的原因。

而不是讓策略規劃人員負責所有的工作，自己則等到策略簡報
那一天才首次接觸。領導人應負責計畫的建構，並取得人們的
協助，等大家都同意這一策略後，再負起制定行動計畫的責
任。

　　漢威聯合要展開規劃流程時，我會邀請各單位主管及其
策略規劃人員，還可能再加上一位公司幕僚人員，就計畫的重
大相關議題取得共識。在計畫擬定之後，每位主管必須會同部
屬先檢討一番，並提出他們的意見，再由我從公司的層次來加
以檢視。畢竟，未來是由這些人負責推動計畫。

▶ 策略計畫該提的問題

　　包熙迪：漢威聯合事業部門的策略計畫特別留意企業環
境、競爭局勢以及行業中成功者勝出的原因。計畫一開始，會
先建立與事業環境體質相關的資料庫，以了解市場是否在成
長。如果事業所處的大環境是一個年成長率只有2％的產業，
那麼除非有什麼真正獨特的新產品或策略，否則很難期望本身
的成長率會比這個水準高出多少。例如，漢威聯合的汽車業務
就是處於低成長環境，因此我們對其業績的預期以及資源的配
置都相當保守。

　　接著，策略計畫會列出本身的市場占有率，以顯示公司
是位於領先位置，還是毫不重要。市占率是判斷高下的最終指

標，而且顯然會影響到策略。如果企業的占有率低、但處於高成長環境，計畫中就應說明該如何提升市占率。計畫也必須詳述過去一年來，本身市占率的增減情況。

策略計畫也會針對各主要競爭對手的強弱勢做概要的分析。我們必須了解，世界不會等在一邊看著我們在做什麼，競爭者同時也在不斷努力中。例如，漢威聯合的航空電子業務在進行競爭分析時，就會將焦點鎖定於洛克威爾公司（Rockwell Collins）與法國的泰凌（Thalen）等公司。

接著，策略計畫會探討在事業所處的環境中，什麼樣的公司才能成功。這些公司的成本很低嗎？這些公司擁有創新科技、高價打造的配銷系統，足跡遍布全球嗎？換言之，成功的公司與其他業者之間的差異究竟何在？

你不是制訂好一個計畫，就回去等著看成果如何。你必須在一開始就定好目標：「我們希望完成什麼？我們該加強對哪些關鍵課題的了解？這項計畫最後能對我們有什麼貢獻？」如果你環繞著這些目標逐步擬定計畫，就有機會獲致一些成就。

■　■　■

健全的策略計畫必須探討到下列九大問題：

1. 對外在環境的評量如何？

> 每個企業都是在變動不居的政治、社會與經濟環境中
> 經營，因此策略計畫必須明確陳述管理者對外在環境
> 的各項假設。

2. 對現有客戶與市場的了解有多少？

3. 能兼顧獲利的最佳成長之道為何？

4. 競爭者是誰？

5. 企業是否具備執行策略的能力？

6. 計畫執行過程中的階段性目標為何？

7. 是否能兼顧短期與長期的平衡？

8. 企業面對的關鍵性課題為何？

9. 該如何在永續性的基礎上追求獲利？

對外在環境的評量如何？

每個企業都是在變動不居的政治、社會與經濟環境中經營，因此策略計畫必須明確陳述管理者對外在環境的各項假設。事業單位的領導人應仔細審視本身的環境，並有深入的了解，舉凡經濟與人口趨勢、政府管制的變動，乃至新科技、競爭者之間所組成的聯盟，以及影響產品需求的有利及不利因素等等，都該在注意的範圍之內。前述美國電話電報公司對外在環境的評量，顯然就不曾預見政府在管制措施執行上會不符原先的期望，同時也未料到網路、電信與媒體公司在資本市場的熱絡，也可能好景不長。

每家公司面對的大環境都是一樣，成功者之所以能脫穎而出，憑藉的是具有不凡的眼光、感受與能力，以及早察覺變

化的軌跡，從而研判出會對自身的環境、產業、競爭與業務所產生的影響。舉例而言，一九九七年亞洲金融風暴來襲，大多數公司直到一九九八年三月才察覺情況不妙，而奇異公司與聯合信號早在一九九七年年底前就已發現，所以及時修正了一九九八年的營運計畫，以確保在新情勢下仍能完成原先承諾的目標。能夠妥善因應這次危機的公司，真可說是鳳毛麟角。

對現有客戶與市場的了解有多少？

你對客戶與市場的了解，或許並不像你所認為的那麼多。舉例而言，如果你的客戶是廠商，那麼它的購買決策絕對不僅只涉及負責議價的採購經理而已。某大公司的事業部經理近期提出一項需投資三億美元的成長策略，無論就競爭、產業與外在環境等一般性策略問題來看，這一計畫似乎都無懈可擊。進行簡報時，執行長打破前例，耐心地聆聽了二十分鐘，可是接著他忍不住提出一連串的問題。首先，是誰購買這些產品？事業部經理回答說，是各客戶公司的採購經理。執行長反問：「真的嗎？我把這個問題換個方式說一次。誰決定所購買產品的具體規格？」事業部經理回答，應該是那些公司的工程師們。執行長最後一個問題是：「你和幾位工程師談過呢？」只聞一陣沉寂，表示計畫已遭到否決。

人們在觀看自己的企業時，往往是由內而外，也就是太

把焦點專注在本身產品的製造與銷售上，卻忽略了客戶的需要與購買行為。

這裡涉及的課題很單純，就是要了解誰才是採購的真正決策者，以及他們的購買行為。以大型工業公司為例，採購通常由工程師與採購部門負責；但小公司則可能由財務長、甚至執行長，也都會參與其事，因為他們對現金流動特別注意。面對這些不同的客戶，我們必須採取相當不同的對應方式。

能兼顧獲利的最佳成長之道為何？

你的企業是否需要開發新產品？是否要為現有產品拓展新通路與新客戶？有必要收購其他企業嗎？與競爭者的成本相比如何，有什麼生產力提升方案，可以改善成本狀況？

一九九〇年代初，奇異醫療（GE Medical）── 即奇異公司的醫療系統事業，在美國遭遇發展瓶頸。賠償政策的改變使醫院不願添購新設備，導致奇異醫療的業務成長近乎停滯。該事業單位經理錢尼（John Trani）及其團隊擬定一項成長計畫，將業務移往鄰近的市場區隔，並為擁有醫療設備的人們提供維修與其他服務，而且不論這些設備是否由競爭者或奇異售出。這一計畫最明顯的障礙有二：其一是，有些競爭者所製造的設備與奇異醫療的高科技診斷機器，水準相去甚遠；其二是，必須說服潛在客戶認同這個新做法的價值。該事業單位克

服第一項障礙的對策，是收購一家專門生產技術層次較低設備的公司，同時專注於流程改善，以提升其員工的生產力。至於克服第二項障礙，則是以俄亥俄州一家小醫院為「賭注」，和該院簽下所有設備的維修合約，同時保證成本比以前更節省。在這家醫院成功之後，奇異醫療就有了現成的實例，可爭取潛在的客戶。這一創新的成長計畫使得事業單位的營收結構改善，有更高比例的收入來自現金流量大的高獲利服務。

在界定成長機會時有一項有用的工具，那就是市場區隔標示（market segment mapping）。這一工具相當簡單，任何企業都可應用，有許多消費性商品公司就因而獲益頗大，不過未曾採行的公司更多，尤其是工業公司更是罕見。雖然規劃人員都會提到市場區隔，但就我們所看過的計畫而言，包含有用的市場區隔標示者不及5％。

我們且以高仕公司（A. T. Cross）為例，說明它如何區隔高價鋼筆的市場。高仕以簡單的市場區隔將客戶分為三類：一是買來自用的個人；二是當做送人的禮物；三是公司大量購買並加上公司標記，做為贈禮之用。每個區隔市場的產品雖然大同小異，但需求形態各不相同，策略自然也不同。針對每一區隔，高仕都必須面對不同的競爭者、通路、經濟環境、訂價策略。

飛機製造業近期因為一塊新興市場區隔，而改變了製造商與供應商的態勢。過去七、八年以來，商用航空公司的業務

> " 有時市場已出現了新競爭者，能為客戶提供更有價值
> 的產品，而企業卻還渾然不覺。 "

與航班萎縮且價格上漲，但公司專機的業務卻蓬勃起飛。一九
九六年，主管噴射機公司（Executive Jets）首創持份所有權
（fractional ownership）方案，也就是航空的分時制度（time
sharing）。這個新區隔出來的市場，立即成為成長最快速的業
務。製造商中的大贏家是加拿大的龐巴迪（Bombardier），因
為它所生產的飛機恰好符合此一市場的需要。它的競爭對手畢
區飛機製造公司（Beech Aviation）與塞斯納（Cessna）生產的
機型太小，而波音（Boeing）、麥道（McDonnell Douglas）以
及一些國外競爭者的產品又太大。

競爭者是誰？

有時市場已出現了新競爭者，能為客戶提供更有價值的
產品，而企業卻還渾然不覺。例如，當史泰普（Staples）、辦
公室補給站（Office Depot）、辦公室麥克斯（OfficeMax）三
家廠商忙著彼此捉對廝殺時，卻未發現威名百貨已開始朝平價
辦公室用品的市場邁進。之後，這三家公司的市占率都開始減
退，股價也隨之下跌。

夏藍：公司經常會低估競爭者的反應。某年十二月，一
家規模五十億美元的公司執行長打電話給我說：「我九個月前
曾經宣布，下一年度的每股盈餘有五美元，可是按照目前的發

展，充其量只有三‧五美元。其實市場狀況很好，需求也沒有下跌。我實在覺得很慚愧。」

我們一起花了一天的時間，得到以下的結論：有一個關鍵的事業部門應該為公司盈餘無法達到目標負責。該部門的主管聰明親切，原先是哈佛商學院的頂尖學者，並曾在一家聲譽卓著的顧問集團工作。他進入公司五年，雖然未經正式宣布，但已是大家公認的執行長接班人。

他採行的策略是以削價擴大市場。過去三年來，他為提升產能而耗費了大筆資金，因為該產業的特性是資本密集、利潤率偏低。在這位主管的構想中，因削價而增加的銷售量，應可使成本有顯著的降低。當初執行長在審核這項策略時，也頗認同他的看法。

我們檢討這整件事之後，我問道：「你覺得自己究竟疏忽了什麼？」當然此時執行長已經了然於胸，他說：「我沒有問他，我們的競爭者會有什麼反應？」該部門最大的競爭者幾乎同步進行削價，其他業者也紛紛跟進，使得整個產業的價格水準下跌。由於該公司的市場占有率最高，所以受創也最嚴重。

執行長撤換了這名主管，他的繼任者逐步把價格調回原來的水準，並且施行生產力改善方案以降低成本，競爭者也跟著調漲價格。到了第二年結束時，執行長終於實踐了每股盈餘五美元的承諾。

　　有時候我們犯的錯恰好相反，也就是高估了競爭對手。
這是由於我們沒有提出正確的問題，以致錯失原本應把握的機
會。舉例來說，有家我曾共事的小型軟體業者擁有一項絕佳的
產品。這項產品居於許多套裝軟體的中心，可以讓各項設施相
互連結，並與網際網路相連；但是這家公司卻未適當地推廣這
項產品。當我和高階主管們討論後，才發覺他們因過度畏懼微
軟公司，所以並未施展全力。其實微軟根本沒有這類競爭性產
品，可是每次分析競爭情勢時，他們老是說：「一旦微軟聽到
風聲，就會動用一切資源追上我們。」其實他們根本不了解，
微軟在這一領域的執行紀錄並不光彩，反倒是他們自己對如何
執行知之甚詳，只要行動夠快，能贏得初期關鍵客戶的口碑，
就不難爭取到後續客戶，穩穩操控整個市場。

　　這家公司朝著這個方向採取行動，目前相當成功。為了
能更有效地執行，公司還變更了組織結構，調整銷售與設計兩
個部門的重要人員，並且將銷售主力轉向進攻多元區隔，並縮
短循環時間。

企業是否具備執行策略的能力？

　　由於領導人對組織執行計畫的能力未能如實評量，導致
策略失敗的案例，其數目之多，令人難以置信。前面提過的全
錄、朗訊與美國電話電報公司都發生過這種問題，還有就是第

一章開頭的那位執行長 —— 他不懂自己精心規劃的策略為何失敗，導致遭到開革的結果。如果他和他的領導團隊先對組織的能力做過評量，就不可能落得如此下場。他們會及時發現，公司根本不具備執行這項策略的能力：最高兩個層級的領導人中，資格符合這項策略的人不夠；負責製造的人員不知道該如何改良工廠的流程運作，產品無法按照規劃的進度生產出來；生產部門也缺乏持續改良的機制，無法滿足客戶對成本與品質日益增高的期望；最後，他們不懂得如何與供應商合作，由供應鏈的源頭降低成本（附帶一提，這是許多製造商都有的問題）。

身為領導人，你該如何在企業內進行這種評估？其實，這原來根本不該是個問題，因為如果你做好領導人的工作 —— 如果你密切參與三項核心流程，所進行的強力對話能做到坦誠的評量 —— 你自然而然會了解組織的能力。不過，單靠這點還不夠，你必須傾聽客戶與供應商的意見；同時，你也該要求所有主管都這樣做，並請他們把聽到的意見呈報上來。還有，別忘了證券分析師，他們可以發揮旁觀者清的作用。就算蒐集到的意見有良莠不齊的情形，只要經過一段時間的觀察，應該不難發現哪些人的意見比較有價值。

包熙迪：要衡量組織的能力，必須提出對的問題。如果你的策略需要全球製造能力，你就該問：「我們是否有具備國

際經驗的人才？我們是否有熟悉代工業務的人員？我們的員工能夠經營遍及全世界的供應鏈嗎？」如果以十分為滿分，而你的組織只得到六分，就表示能力尚嫌不足。

如果你是屬於機械工程業，準備轉型到電子業（大部分這類型公司都有此打算），那麼你的員工與組織在過去的經驗中，與電子相關的程度有多深？你是否具備晶片技術或資訊科技的能力？如果產品中要納入相關軟體，你是否擁有足夠的軟體人才？如果你的答案獲得的分數是七到八分，那麼還要做些什麼，才能夠得到滿分？舉例來說，是否有員工了解六標準差，而且過去至少曾達到五標準差？工程性質的組織在現場紀律上的表現，往往並不理想，所以如果你引進一項新產品，能否期望你的員工都能有夠水準的表現？如果答案是否定的，你必須找尋新的人才，或是採取一些補救行動，例如與有能力製造該產品的廠商簽訂行銷合約。在財務方面，你需要的是基本的成本會計人員，還是能處理如避險這類國際事務的高階專才？

組織的能力當然可以提升 —— 我們注意的不只是現在，還有兩年以後。透過這個流程，我們能了解哪些是有待加強的地方。

> 階段性目標能將策略計畫拉回現實世界。如果執行計畫時無法達到階段性目標,領導人就該檢討策略是否有錯。

計畫執行過程中的階段性目標為何?

階段性目標能將策略計畫拉回現實世界。如果執行計畫時無法達到階段性目標,領導人就該檢討策略是否有錯。我們前面提過漢威聯合的汽車業務,它的短期與中期階段性目標是遷往生產成本低的地點,同時規劃並執行一項技術地圖(technology map)以達成產品差異化,並提高利潤。長期任務(五年以上)則是將業務定位拓展到汽車業之外,並調整技術,為其他市場的客戶服務。

良好的策略計畫具有彈性。每年規劃一次的做法可能相當危險,尤其是那些循環週期短的產業,市場不可能等在那裡,配合你所規劃的進度。定期的期中檢討可以協助你認清現況,以及該注意哪些半途出現的因素,這也是企業領導人為何該從頭就參與計畫的另一項原因。因為如果領導人協助制定計畫,參與其中,就會無時無刻不把這項計畫掛在心上,而不像那些由幕僚撰寫的計畫書,擺在架上一年後就給棄置一旁。主管可以對計畫進行定期測試,看看是否符合現實。此外,由於你對計畫的要旨已經了然於心,所以要做一些更動並非難事。

是否能兼顧短期與長期的平衡?

策略規劃必須即時進行,以反映出競爭環境與企業本身

強弱勢的變化，這也表示任務應該區分出短至中期，以及長期任務。如此一來，計畫就更能符合實際 —— 思考該如何在短、中期獲致成果，以為未來的發展奠定基礎。

不論是客戶偏好或現金流量，任何因素都可能在瞬間發生轉變。企業必須有妥善的準備，才足以因應變動不居的經濟環境。在擬定計畫時，你必須先找出一些非常可能發生變動的因素，才可能獲得比較理想的成果。

舉例而言，如果你打算將部分工廠遷到成本較低的國家，你不必早早就確定要遷到哪裡。舉例而言，現階段到中國設廠可能相當有吸引力，但一年後或許這未必是最佳方案。這裡要強調的是先確定大原則。在這個例子中，是指為降低成本而將部分營運轉移到新地點，等到時間更接近時，再做出具體的決策。

由此可知，追求短期與長期的平衡，乃是策略計畫的重要部分。許多計畫對於計畫由一開始到成效高峰期間，公司該做什麼並未多加著墨。一個不觸及短期內成本、生產力與人員等課題的計畫，可能會加劇執行中途的不測風險，甚至使長期目標難以達成。

包熙迪：你不能只是坐在那裡靜坐冥想。你所提出的計畫，既要播種、又要能豐收，不但能達成短期財務目標，也能夠長期延續企業的壽命。

有位經理人傑瑞提出一個看來起伏頗大的計畫：初期盈餘會驟降，之後才快速上升。他說明：「這項計畫實施後，我們會有三年的盈餘平平。」我告訴他：「傑瑞，我不能允許公司三年的盈餘平平，有誰可以彌補這方面的損失嗎？如果你要做的事會帶來重大的營業損失，那麼你就有責任解釋，該怎麼填補由現在到計畫開始賺錢之間的坑洞。如果你想不出對策，那麼我們對這個計畫的興趣必然會減低。」

　　如果對這類課題緊追不捨，同時清楚表明你決不會放鬆計畫進行期間對盈餘的要求，就可能激發驚人的想像力與創新。傑瑞事後又告訴我：「其實短期內，我可以由這項產品線多獲得一些利潤，因為我不認為它長期的潛力有那麼好。而且我可以出售一小部分業務而獲利，反正那並不是最適合我們的業務。我也能夠想辦法把這段期間的費用縮減10％，這樣也有助於改善盈餘。我有四、五個辦法可以彌補新產品帶來的損失。」

　　經由這個方式，我們有了一項重要的收穫，那就是現在整個企業團隊都是這個新方案的一份子。每個人都為計畫出過一些力，所以每個人也都對它高度投入。

　　夏藍：英特爾當年規模只有二億美元時，就已精於長、短期平衡之道。他們深知，要在競賽中取勝，勢必要搶在新一代科技之前，投資於製程與設備的改良，才有時間加以測試。

經由這一做法，他們對下一代技術能及早做好準備，因而既達成短期目標，又厚植長期實力。

達成長短期平衡有賴創意與構想，為了長期利益的需要，可以向外界找尋資源。這種做法如今在製藥業相當普遍，例如華納蘭茂（Warner-Lambert）在開發降低膽固醇藥品立普妥（Lipitor）時，經費以及全球銷售網都感不足，因此便與輝瑞（Pfizer）達成協議，共同出資進行研發與推出上市。華納蘭茂從輝瑞取得二億五千萬美元的資金挹注，如此不但由外界獲得資源，同時也因銷售網擴大而改善了市場地位。

如高露潔—棕欖與艾默生電氣這類公司，每年都可透過生產力改善計畫，而產生能厚植未來實力的資源。高露潔堪稱每季均能達成短期目標的最佳典範之一，不僅獲利年年提高，而且盈餘成長、銷售額與現金收入也勝過主要對手，優異的紀錄令人稱羨。除了牙膏產品線使它的銷售與市占率居冠，更令人稱道的是，它每年都貫徹生產力方案的制定與執行，為未來的成長計畫奠定基礎。高露潔目前有一個全球化團隊負責與成長或生產力相關的構想，在消費性產品的公司中可算獨樹一幟。

企業面對的關鍵性課題為何？

每間企業都會面對好幾項關鍵課題，如果處理不當，可

能會對企業造成重創，甚至使它無法把握新契機或達成目標。如何處理這些課題，往往需要一番研究與思考。如果策略計畫中能提及這些關鍵課題，等到實際評估這項策略時，就比較容易將焦點集中於相關的準備與對話上。

包熙迪：在漢威聯合，我在進行一項評估前，會先與經理人通電話，請他們說明他們認為哪些是關鍵課題，然後我也會告訴他們我自己的看法 ── 倒不見得是因為我的觀點就會有異，而是希望大家都清楚策略計畫該處理的問題究竟是什麼。稍後我們會再通電話，就這四、五項課題交換意見。最後我會說：「請你再完整地檢視一遍你的計畫，確認在進行評估時，我們能答得出這些問題。」

到了進行評估時，我們會從之前曾確認過的關鍵課題開始。經理人會提出一些基本資料 ── 業務的規模、市場占有率、市場成長的速度、主要競爭者等等。接著，我們會討論未來三年的成長與生產方案。不過，焦點會集中於對企業構成障礙的課題，以及值得下工夫把握的機會。

例如，就我們二○○二年的汽車類產品而言，我們確認了三大關鍵課題：我們在日本的表現不如預期，該如何設法改善？產品的下一波技術演進是什麼（這是一個快速變動的高科技市場）？我們該如何加速零件市場的成長？

你也必須知道哪些課題不該列入討論。假設上述計畫也

涉及是否該設立新廠以生產新產品，雖然這個問題適合納入計畫中，但因可資佐證的細節資料不夠充分，所以我們不該遽下決策。每個計畫中都可能有兩、三個這樣性質的課題，我會希望先評估過整個計畫後，再針對這些重大課題單獨進行討論。

這些「不宜提及」的課題，有可能會在公開提及時，令人感到尷尬，因為其中可能涉及管理上的失誤，第二章提到的全錄的故事就是一例。由於管理階層未能切實執行計畫，將銷售人力按產業別重組，並整合各行政中心，以致公司在高度負債情況下消耗大量資金，市占率下降，引發二〇〇〇年的財務危機。像這種關鍵議題應在計畫研擬期間，成為強力對話的主題，而且一旦問題發生，就應該將其納入計畫中，在會議上加以討論。「去年我們的一項關鍵產品為何市占率下降？我們為何無法提高生產力？我們在中國的成長為何不能更快？我們為什麼一直有品質的問題？我們如何才能繼續擴大市場？」大家反覆探討這五、六項議題，以提供相關的資料，並提出建議，然後再經過辯論，最終達成一項決議。這樣的過程正是一個有生產力的策略規劃作業的重要部分。

■　■　■

許多策略之所以會落到失敗的下場，便是未曾提出正確的關鍵課題。對美國電話電報公司而言，關鍵課題包括長途電

話費收入下降，以及組織執行重大策略變革的能力。至於銥同
盟（Iridium consortium）── 摩托羅拉與天閣公司（TRW）攜
手開發能連結全球電話的衛星電話系統 ── 面對的是兩項關鍵
課題：一是如何創造足夠的需求，好讓價格能下降到足以形成
有規模的市場；二是開發體積小的手機以便客戶隨身攜帶（其
實與第一項課題也有關）。結果它們的策略在這兩方面都失敗
了。

　　二〇〇一年，戴爾電腦開始面對一項關鍵課題 ── 個人
電腦長期展望看淡。就算戴爾能搶到再高的市占率，但整個市
場卻看不到多大的成長空間。戴爾與EMC公司組成聯盟，行
銷EMC的儲存設備，往正確方向跨出第一步。更積極的做法
是開拓鄰近的市場區隔 ── 伺服器，這項產品成長潛力遠超過
個人電腦。問題是戴爾低利潤、高速度的模式應用在個人電腦
上雖然得心應手，但應用在技術複雜得多的伺服器上，是否仍
舊行得通？本書付梓之時，最終結果仍在未定之天。

　　在事業單位的層次上，關鍵課題的規模較小，不過對整
個組織未來的影響卻未必較小。以下以漢威聯合的汽車事業單
位為例，舉例說明其二〇〇一年計畫中的某些關鍵課題：

1. 在價格持續下跌的汽車區隔中，我們是否能藉由不斷
   降低成本，而維持適當的利潤？我們該如何及時降低
   成本？

> 每項策略都必須清晰地陳述對企業各項特性的剖析，看看它現在與未來是如何獲利。

2. 領導團隊是否該考慮將生產移往中國這些成本較低的地點？採取這一步驟的風險如何？
3. 政府的管制措施有何值得注意的課題？是否有任何負面因素？如果有，我們有何對策？更嚴格的汽車廢氣排放限制將會增加對產品的需求，我們對這些限制是否給予充分的支持？

該如何在永續性的基礎上追求獲利？

每項策略都必須清晰地陳述對企業各項特性的剖析，看看它現在與未來是如何獲利。這表示要了解以下各項基礎因素：現金收入來源、利潤率、資產速率、營收成長、市占率、競爭優勢，而每一企業在這些因素上都有其獨一無二的組合。我們前面提過一位事業部門的經理，建議公司投資三億美元開發一項新產品，這時他有必要提供下列各項相關資訊，以解釋他的新產品策略如何能夠獲利，並使投資獲得適當的報酬。

- 依不同需求程度訂定價格。客戶是否願意對你所宣稱的差異化支付較高價格？
- 目前與未來的成本與成本結構。
- 營運資金所需的現金。
- 強化營收成長所需的行動。

- 行銷新產品所需的投資。
- 為迎接下一代產品而革新技術所需的後續投資。
- 競爭者的價格反應。

■　　■　　■

談到這裡，我們希望你已經了解：策略計畫包含的是具體而清晰的理念，而不是什麼數字遊戲。當然數字還是有必要的，只不過那些一行一行的明細資料，或是以機械化推估方式所得到的五年預估數字，根本無助於理解。你所需要的數字，應該要能使策略計畫的構想更為健全。

企業所面臨的關鍵問題亦非一成不變，它們的重要性會因情況而異，也會隨著時間而改變。回答問題的答案也是如此 —— 今天適合某一企業的，可能未必適合其他企業，未來也未必仍舊適合此一企業。

根據本章所列的指導原則與問題而擬定的計畫，應可做為強力對話的基礎，將策略流程與人員流程以及營運流程銜接起來。下一章我們將詳述策略評估，其中就包括強力的對話。

第八章

如何進行策略評估

或許你不止一次參與過這樣的策略評估會議：與會者陸續就座，只見規劃人員拿出準備好的一本又大又厚的報告，開始逐頁唸起來，也沒有留下供人發問的空檔。當然，執行長會提幾個問題，通常規劃人員已事先替他惡補過，所以他會顯得對這個主題並不陌生，甚至還會問得一些人啞口無言。與會者努力地在沉悶的儀式中保持清醒。一直到四小時過後要結束時，幾乎沒有任何建設性的討論，同時對於該採取哪些行動也沒獲得具體結論。事實上，根本沒人對剛才聽到的東西有真正的了解，在一堆繁瑣的細節中，根本無法凸顯其中幾項關鍵課題。與會者把報告帶回辦公室，然後高高供起來，在接下的一年內積灰塵了事。

▶ 檢驗策略的最後機會

　　事業單位常見的策略評估就是這樣，在威爾許二十多年前接掌奇異公司之前，該公司的策略評估進行狀況正是如此。然而，威爾許為奇異引進了不同的風格 —— 摒除厚厚的報告，讓大家能實事求是地思考與發言，成為此後許多人學習採行的典範。不過像這樣的做法並未推廣出去，仍有太多的評估流程充斥著枯燥無聊的數字討論，與會者只想藉機展現權力，卻規避不易回答的問題。

　　這根本不是執行之道。策略評估乃是策略流程中主要的

> 我從不問人一大堆數字，我會抓出一些趨勢數字，然後追問：這些趨勢數字是否大致未偏離目標？員工是否真的做到當初承諾的事？

社會運作機制，提供了一個測試並驗證策略的場合 —— 這也是計畫接受現實世界考驗前的最後修正機會。因此，策略評估應力求廣納眾議，並與相關人員密切互動：必須透過執行文化中的強力對話，進行一場堅實的辯論，讓所有出席的關鍵人員都講出心底的看法。

包熙迪：我的兒子保羅，在奇異資融的商業設備融資部門擔任副總裁，面對新職位上的第一場規劃會議，他向我問道：「爸爸，你認為他們要的是什麼？」我告訴他：「他們要的是新構想。你不要只是把去年的計畫重複講一遍。你必須絞盡腦汁，盡量想出最高明的構想，而且不必擔心有人說它不好。你必須將它融入一個創意性的流程，能夠觸發別處不可能產生的新思想。這是良好的規劃流程的一個要素。」

雖然我們不該常看後照鏡 —— 太偏重上一年度的策略性規劃 —— 但還是應該花點時間檢討執行成效，看看距離預定的目標有多遠。我從不問人一大堆數字，我會抓出一些趨勢數字，然後追問：這些趨勢數字是否大致未偏離目標？員工是否真的做到當初承諾的事，還是一事無成？你可以盡量多找一些這樣的事項連結起來，做為建構可信度的一個基礎。

■　　■　　■

策略評估也是領導人了解並培養員工的好機會。你可以從中發現他們策略思考的能力，無論是在個人或團體的層次上。等到評估結束後，你會對相關人員有相當的認識，對於他們的升遷潛力也有所評量。此外，你也可以利用機會給予他們必要的指導。

▶ 策略評估該提出的問題

在進行策略評估時，你還是必須將上章所談到的建構策略計畫時應找出的關鍵課題再重複檢討一次，不過因為參與者更為擴大，所以應可獲得一些嶄新的多元觀點。例如，財務長的幕僚人員會著重計畫的財務預估是否合乎實際，而人力資源人員則會詢問計畫對領導人才的培養有何作用等等。

最終而言，相關的討論必須回答下列的關鍵問題：這一計畫是否可行與務實？是否具備內在的一致性？是否能配合關鍵課題與相關假設？人員是否充分投入？

你要提出一些新問題，同時把舊問題以更具體的方式再度提出。例如以下五個問題：

1. 各事業單位團隊對競爭情勢的掌握如何？
2. 組織執行策略的能力如何？
3. 計畫的焦點是分散或集中的？
4. 我們選擇的構想是否恰當？

5. 與人員流程以及營運流程的銜接是否清楚？

各事業單位團隊對競爭情勢的掌握如何？

策略評估少不了要分析競爭情勢，然而習見的競爭者分析只將焦點集中於過去的歷史：產業動態、成本結構、市場占有率、品牌差異化、銷售通路的力量。其實真正要緊的並不是這一大堆資料所描述的過去競爭態勢，而是要能即時掌握目前狀況與未來可能的發展。

- 競爭者有何計畫來鞏固其既有的客戶區隔，並防堵我們進入？
- 他們的銷售人員實力如何？
- 競爭者目前有什麼提升市占率的做法？
- 他們對我們提供的產品有何反應？
- 我們對競爭者領導團隊的背景了解多少？（如果他們為行銷出身，那麼他們最可能的因應之道就是提出新的行銷方案；如果他們來自生產部門，他們可能就會著手提升品質。）
- 我們對某一強大競爭對手的領導人及其動機認識多少，又能從中得到什麼訊息？（如果對手以優厚的獎勵措施提振市場占有率，可能代表他有強烈動機防堵

我們進入此一區隔，即使降低獲利亦在所不惜。或許這樣的做法並不能持久，但至少可以防止我們進入。）

- 競爭者將有哪些可能對我們產生影響的購併行動？
- 競爭者是否可能組成聯盟而攻占我們的市場區隔？〔例如，昇陽（Sun Microsystems）必須留心評估戴爾近期與EMC的聯盟是否可能加速對伺服器與儲存設備市場的滲透。〕
- 是否可能因某些新手加入競爭行列，而使競爭版圖發生變化？例如，福特（Ford）與克萊斯勒（Chrysler）應特別注意通用汽車（General Motors）任命魯茲（Bob Lutz）為副董事長的用義何在。通用在瓦格納（Rick Wagoner）接任總裁，又升任執行長後，在降低成本上保持穩定的進展，現在又向外禮聘汽車業界最佳的產品開發人才，顯示通用在收復失地的努力上跨出一大步。因為魯茲非但是深諳消費者口味的天才型「汽車人」，也是兼顧成本意識與團隊精神的好手。他過去在福特與克萊斯勒時期，在設計與開發新產品上紀錄輝煌，開發週期之短無人能及。因此，各家汽車業者對競爭情勢進行有效分析時，勢必要針對魯茲可能對個別業者乃至整個產業造成的影響，提出一番認真的評估。

組織執行策略的能力如何？

　　在這個問題上，特別能彰顯策略流程與人員流程之間緊密而協調的連結。舉例而言，某家居於領導地位的軟體公司過去三年成長快速，合約金額由一九九九年約四十億美元成長為二○○一年的一百二十億美元。它的銷售人員大都以《財星》一千大公司的資訊技術經理人為銷售對象，個別合約金額在五億美元左右。為了保持既有的成長率，公司決定瞄準《財星》前五十大公司，並將合約金額提升到二十億美元的水準。這項更上層樓的策略需要直接針對執行長與財務長的階層進行銷售，並更強調相關服務對客戶所能產生的金錢效益。新的銷售方式需要多功能的銷售團隊，有能力為客戶提出有價值的建議，讓公司的服務能對客戶的財務結果產生直接貢獻。這樣的銷售過程可能要耗時一年才能簽下合約，而且案件的成功率要達到一半以上，而不是像以前每三件談成一件的標準。執行這一新策略對於銷售人員的要求當然更高，他們的思考能力必須足堪掌握《財星》前五十大客戶的全盤需求。面對這種情況，對於組織能力應提出如下的問題：

- 我們的銷售人員與銷售工程師是否能在新的市場區隔中致勝，還是會成為過氣人物？要回答這個問題，有賴人員流程中存有適用的資料，能對新的組織結構、

> 當企業以擴充產品或服務的方式追求成長時，往往容易超出本身能從容應付的程度。

　　主管能力，乃至此一策略初期階段的評量準則等等，進行深入的討論。

- 我們是否熟悉相關技術，並對其未來變化方向瞭然於心？
- 我們的成本結構是否容許我們在競爭中維持獲利？

計畫的焦點是分散或集中的？

　　當企業以擴充產品或服務的方式追求成長時，往往容易超出本身能從容應付的程度，諸如通用汽車、寶鹼和不少其他廠商就曾身受其害。以聯合利華（Unilever）而言，經過二十年缺乏焦點的發展後，總計擁有一千六百個左右的品牌。到了二○○一年，公司終於痛下決心，將品牌數目減少到約四百個，結果獲利率與營收成長率雙雙上揚。

　　這裡該提出的問題有：

- 計畫是否野心過大？為避免力量分散，什麼才是我們的優先事項？
- 我們的領導團隊是否企圖同時進入太多的市場？這是否會稀釋我們對既有市場區隔的專注，甚至導致殺雞取卵的下場？

我們選擇的構想是否恰當？

許多人將策略應用於錯誤的業務上，殊不知無論執行得多麼完美，只要採行的構想不符你現有的能力，或迫使你必須以高價獲取必要的能力，遭到失敗的風險就會大為增加。

例如，有一家規模六十億美元、利潤率頗高的大型工業公司，一向透過一群小型經銷商所組成的網絡來銷售產品給客戶。在一項成長計畫中，公司買下其中不少經銷商，打算建立自己的零售連鎖系統。公司指派一位歐洲地區的主管主持其事，導致原先建構這個經銷網的一些人紛紛求去。由於公司並無零售的專業經驗，根本不了解如何在這個利潤微薄又需高度物流專業的業務上獲利，同時也未打算投入充裕的資金以取得必要的能力，來經營這個全然不同的業務。可想而知，公司開始出現虧損，股價也下跌了三分之一。

你該如何做出適當的抉擇？你可以由構想是否具體清晰、充滿活力，測知構想的好壞，然後還需要透過許多對話，來確認看似優異的構想是否真的行得通。首先，你應該對每一構想提出四個基本問題：

- 這個構想是否符合市場現狀？
- 這個構想是否切合組織的能力？
- 我們是否同時追逐過多的構想，以致超過自己的應付

能力？

● 這個構想能否賺錢？

透過企業主管間的強力對話，加上來自規劃幕僚人員的協助，你應該可以找出這些問題的答案，接下來大家就可以共同決定哪些構想值得進一步採取行動。

包熙迪：舉例來說，如果有位企業領導人希望進入一個新的市場區隔，可是卻沒有適當的產品。他必須了解這一區隔中有哪些廠商，其中各項產品的成長率如何。除了評估構想本身外，還必須在腦海裡具體設想一下，如果這個構想應用於組織本身的環境中，將會是什麼景況。對於過去不曾有過良好紀錄的業務，還是以避之為宜。不過常有人不信邪，例如他們有時候會直覺認定：「我們雖然不曾從事過這項業務，可是多少有過類似的經驗，所以我們應該可以發展出必要的能力。」這種想法使風險程度陡增。

我在聯合訊號任職期間，有位員工過來對我說：「我們剛好在實驗室裡開發出一種新的平面螢幕，所以我們希望能進入平面螢幕這個產業。」我檢視一下相關技術，看來他所說的並不假。我對他說：「這太好了。不過，我們沒有任何製造平面螢幕的核心技術。你告訴我說，我們可以做這項產品，可是我們過去從來沒做過，目前的文化也可能根本不適合立刻從事

> 你不能只評估構想本身，還得設法想像一下這個構想
> 是否契合組織的環境。

這一行。外邊有些大型廠商具備高度的專業，你想我們經過一段時間之後，有能力勝過它們嗎？」最後，經過了一番折騰，我們將這項技術的專利權轉賣給一家在這方面已有經驗的公司。

換言之，你不能只評估構想本身，還得設法想像一下這個構想是否契合組織的環境。對原有平面螢幕經驗的業者而言，某項有關產品或服務的良好構想可能相當有用，可是對聯合信號或漢威聯合卻不見得是那麼回事。良好的構想未必人人都適用。

另一件該警惕的事是同時進行太多方案。假設我們在評估公司一個月的策略計畫時，有四個構想脫穎而出。然而，就必要的配合措施而言，四者都得花上五到七年才能成熟。很多人或許會不假思索地將這四個構想都付諸行動。不過，問題是這些計畫一開始都會造成巨額虧損，因此很容易讓參與人員態度轉趨保守，以求降低施行的成本，如此一來，成熟期會更為遲延。

所以，當你看到四個這類的構想時，應該要說：「請注意，我們公司的規模還沒大到足以推動所有計畫。我們要從中挑出兩個最好的來進行，這種做法的虧損，我們還承擔得起。至於另外兩個構想，或許等我們真的想著手時已喪失先機，所以現在可以先去註冊。重點是我們絕對不要四頭並進而分散力量，最後落得一事無成。」請看看一家接一家的公司，許多都

是因為胃口太大卻消化不良，以致做出錯誤的決策，讓過多的構想無疾而終。

　　策略評估可以協助進一步釐清企業的方向，將資金多配置在前途看好的業務上，少用於前景比較差的業務上。

人員流程及營運流程的銜接是否清楚？

　　要完成我們到目前為止所討論過的每件事，都有賴於將策略流程與人員流程及營運流程好好地連結起來。員工對這三項流程愈熟悉，就愈能判斷策略是否與組織能力相稱，以及未來是否有合理的獲利機會。

　　如果營運計畫（參見第九章）的頭幾頁能夠清楚說明新的策略方向、需動用的資源、來年每季應執行的方案，那麼策略流程與營運流程間的銜接就可說是完全透明。

　　第七章曾提及，某家汽車零件製造商因為成功執行了一項策略，而由一個獲利平平的普通業者，脫胎換骨成為全球十大工業客戶首選的供應商。目前該公司打算更上層樓，為一些相鄰區隔中的新客戶提供服務。那麼在策略評估時，下列與人員流程以及營運流程銜接的問題就應該包括在內：

●　如果有必要採行新的組織結構，哪些新的銷售管理技巧是不可或缺的？

- 下一年度預算中編列的經費，是否足以供應進入新區
  隔市場之所需？
- 每一季的方案為何？是否逐季編列充分預算？每季盈
  餘的壓力是否會擠壓這些方案的推展？（有智慧的領
  導人會在長、短期之間做正確的取捨。）

事業單位的策略應清楚列明如何爭取新的客戶群，以及
如何在新的市場區隔中提供合格的產品。當然，要透過進入鄰
近的市場區隔而更上層樓時，你還要想好：該如何找出與潛在
客戶接觸的管道？該如何了解他們對新產品的確切需求 —— 也
就是如何確認新產品符合他們所需要的規格？這些都同時涉及
人員與營運的課題，也會引發如下的問題：

- 你是否有足夠適任的人員來做這些事情？
- 你是否留下充分的前置時間以供必要行動之需？

包熙迪：良好的策略計畫應該可以很容易地轉換為營運
計畫。策略未必會在一年內就執行完畢，但每一年度都應有行
動方案。然而，我們如果同時審視策略流程與營運流程，常會
懷疑自己所看到的是否是同一家公司的資料，因為策略計畫中
所談的事項在營運計畫中全然不見蹤影 —— 反之亦然。

進行營運評估時，我會快速檢視策略計畫，確認兩者間

的銜接。我希望營運計畫的前三頁是策略計畫的摘要，而且策略計畫中已獲共識的部分都能順暢地轉換為營運計畫。假如我們在策略計畫中決定投資開發一項新產品，以彌補現有產品之不足，也估算過相關成本，並預測未來成功的情況，同時決定要實地對客戶進行測試。這時在營運計畫中，我們就必須確認其中列有相關的研發行動計畫，而且動用經費的規模足以貫徹策略計畫的目標。

　　策略計畫的基礎假設是否與公司內部的判斷標準契合？公司必須界定希望投資以及不願投資的是什麼，而策略的制定應符合這些判斷。你應該了解公司願意與不願投入的業務，還有公司有興趣投資或希望大展鴻圖的事業有哪些。

　　假設某位主管向你提出一項計畫，預計可以讓他的事業部門一年內營收成長15％。雖然他是個不錯的主管，也一向能達成承諾的目標，可是你注意到這一市場區隔的平均年成長率為3％，他如何能達成15％的成長，又要付出多少成本？在這個成長緩慢的市場中爭奪較高的市占率，是否真的值得你去投資 ── 無論是產品開發、行銷、購併或其他可能有助於成長的做法？或許這些資金可以有更好的用途。

　　又假如有人向你建議，公司應該一口氣同時進行上面提過那四項極佳的構想。我會請他注意其他部門的資料，並且問他說：「你在這四項新構想上要投入多少資金？它們會造成多大的營業虧損？」如果他提不出合理的答案，我可能會說：

「請注意，我們消受不起四項構想全包的做法。請你挑出兩
項，我們會提供必要的經費，至於另外兩項可能要等以後再
說。」我可不希望這四項構想明明已列在策略計畫中，而我在
檢視策略計畫書時不表示意見，等到討論營運計畫時才不得不
說：「老天，我們根本不可能四項都做啊！」這時主事者一定
會抱怨：「可是這些構想都列在策略計畫裡，而且你明明說過
很欣賞啊！現在我們把這些構想放到營運計畫裡，你卻又有意
見了。」

　　當企業決定是否採行一項新策略時，必須先就相關人員
的素質與性向加以檢討。當年漢威聯合決定跨足電子封裝業務
時，並沒有這方面技術背景與製造專業的人才。後來我們還是
決定進入這一產業，也賠了錢。雖然當時我們也做過有效的對
話，察覺本身能力不足之處，卻認為可以克服，可惜結果並非
如此。這個計畫的提案人非常有說服力，讓我們不好意思拒
絕。我們把組織的績效押在此人身上，結果卻讓股東們大失所
望。

■　　■　　■

　　如果能在上述過程中不斷提出問題，參與者心頭就會時
時縈繞著一些關鍵課題：我們是否將適任的人安排在適當的職
位上？他們共事的情況如何？我們所需的人才是否充足？我們

> 策略評估結束後，別忘記致函給每位與會的主管，再
> 度釐清並確認你們會中達成的共識，以供日後檢討進
> 度時做為依據。

是否具備生產、財務、技術上的資源來執行這項策略？

▶ 後續追蹤

　　策略評估結束後，別忘記致函給每位與會的主管，再度釐清並確認你們會中達成的共識，以供日後檢討進度時做為依據。這封信函應該提及成長與新產品，也應該建立策略、人員與營運之間的連結。下面這封信是一個範例，過去聯合訊號的事業單位主管常會接到我寫的這種信，現在對象則換成漢威聯合的主管。

日期：六月二十二日
受文者：史密斯
發文者：包熙迪
主旨：X系統策略計畫的評估

　　這是很有前途的業務，計畫也很不錯。以下是一些具體的意見。

　　● 我們一定要體認，我們是競爭者的標靶，所以你該設身處地假想一下，如果你是競爭者，你會如何對我們發動攻擊。這些競爭者都是頗具實力的公司，所以我

們切忌自滿。請記住，原先在市場中舉足輕重的公司之所以會走下坡，主要是敗在成本或技術上，因此我們必須在這兩方面做好準備。

- 我們應維護目前在歐洲市場的地位。這個區域看來仍有很大的成長潛力，所以千萬不可掉以輕心，讓競爭者有機會在那裡打下基礎。

- 我們必須掌握客戶的目標與願景，如此我們為未來預做規劃時就更容易，而且也更能預估並滿足客戶的需要。

- 將我們的品牌註冊應該是不錯的方案。不過，對註冊的方式與地點要特別留意，避免對我們的業務造成負面效果。

- 目前與客戶A的關係良好，而客戶B則是失而復得，這些都是大好消息。客戶B在南歐的狀況給我們捎來復甦訊號，從中也可看出你的反應很正確。現在我們應力求客戶服務的品質更穩定，才可能維持較高的價格。

- 我們顯然無力支持這一計畫中的所有方案，你必須排定優先順序。排在後頭的方案可以設法另籌財源，像是政府資金等。

- 輪狀組合圖（wheel portfolio chart）是了解我們所處位置的有用工具，你可藉此追蹤我們的進度。

- Y產品應該可為客戶廣泛接受。客戶D、E、F都需要在

此一區隔中提升績效，而Y產品正可助一臂之力。

- 在推行新的維修零件策略時，必須確保客戶的需要仍可獲得滿足。新加入的小型廠商至少要能達到我們目前的服務水準。

- K小組的表現不錯，不過我們能否在該處維持優勢尚難斷言。

- Z業務已經成為別人的標的，我們必須盯緊新的競爭者，並注意成本問題。

- 我們必須為各工廠擬定詳盡而完善的計畫，能兼顧ZZ方案與現有的產品。注意：從一開始就要做對。

- 我們必須找到能為ZZ方案提升價值的經銷夥伴，而不是一般的經紀人。

- 我們應隨時注意競爭者在系統上的能力，同時找到適當的夥伴，以提升我們自己的實力。

- 我們必須持續透過遊說團隊讓國會領袖們了解產品的好處，並消除一些現存的誤解。

- 在提供新產品前，我們應先改善製造能力。雖然備用零件送達率已有些進步，但仍然不夠水準。

- 我們必須將六標準差轉換為更高的生產力。歸根究柢，我們是在成本、品質、技術上競爭。我們必須在成本上取得優勢，所以應擬定一項不斷進步的製造策略以維持低成本。

- 在提升現有產量時，也應考慮彈性產能，以因應市場最終會出現的衰退。泰國看來可行，但中東我就沒有把握。

- 到亞洲設立外包與製造工廠時，我們應先了解匯率變動的影響，評估一旦亞洲貨幣升值後，這項做法是否仍然合宜。我們也要確定哪些部分可以在當地外包製造，哪些則不行。我們要有把握核心供應商在質與量上都能符合標準，這點在X國特別重要。

- BBB方案令人印象深刻，對於我們的週期時間與工程效率都大有幫助。標準零件倉庫對我們會是個大好機會。

- 我們在專利與智慧財產權上應該更為積極。密切觀察競爭者X是否侵害我們的專利。

- CCC機會看來不錯，不過還有一大段路要走。競爭者Y在這方面的技術領先，你可以留意他們，以找出好點子。

- 將訓練列為優先事項，而且範圍力求廣泛。

- 我們應培養一支多元化的領導團隊，以因應這項業務的全球需求。

- 這是一個好計畫，但需要很多努力與良好的領導。在這個充滿商機的絕佳產業中，你必須為各項成長方案設定優先順序，以求投資獲得最大回收。最後，別忘

了把你自己的策略性思考以及方案與整個組織同仁溝
通。他們的投入與參與可以促成你的成功。

■　　■　　■

在這兩章有關策略流程的討論以及稍早有關人員流程的
討論中，我們談到如何透過這些流程，以決定領導人應將企業
帶往何方，又有哪些人要參與其中。現在我們將眼光拉回到較
具體的事項，時間幅度也縮短為季。這就是所謂的營運流程，
透過這一流程可以讓員工產生投入感，也能使組織各部分協調
有序。

第九章

營運流程：
與策略流程、人員流程連結

假如你的上司要你從芝加哥開車到愛荷華州的歐斯卡露沙，共計三百一十七英里的路程。他還下達相當精確的指示：油錢不能超過十六美元，必須在五小時三十七分內到達，而且車速不得超過六十英里。問題是沒人給你印有通往歐斯卡露沙的地圖，而且你也不敢確定路上會不會遇到大風雪。

▶ 對預算編列方式的重新思考

聽起來很荒謬？可是比起許多公司如何將策略計畫轉換為營運計畫的情況，這可算不了什麼。這些公司透過預算編列的過程，勾勒預計要達成的各項目標，包括收益、現金流量、盈餘等等，還有為達成這些目標所要動用的資源。但是，整個過程卻未觸及該如何才能達成目標 —— 甚至能否達成目標，因此可說與現實脫節。你所需要的應該是那些有執行力的公司所展現的特色：有健全的營運流程，營運計畫要能銜接策略與人員流程，一起達成目標。

策略流程界定了企業希望行進的方向，而人員流程則界定哪些人該參與其中。至於營運計畫則是為這些人員指明路徑，並將長期的產出切割成短期目標。為達成這些現時現地的目標，組織的決策無論在制訂之初或因應企業環境的變遷而做調整，都必須全面整合。營運計畫的數字背後都有事實為依據，並不是依「今年表現比去年好」的原則來編列預算，因為

> 依「今年表現比去年好」的原則來編列預算，等於是看著後照鏡來設定目標，營運計畫應該要向前看，考慮「如何」進行。

有執行力的營運流程

1. 營運計畫要以現實為基礎，並跟相關人員確認及討論。
2. 由團體對營運計畫的假設進行辯論，做出取捨，公開承諾。
3. 預算編列要以營運計畫為根據，而不是先編好預算，再去執行。
4. 協調各個單位的步伐，以達成目標。
5. 提供員工接受指導的機會。
6. 要做後續追蹤 —— 寄上備忘錄、事先規劃應變之道、每季進行檢討。

這樣做等於是看著後照鏡來設定目標。營運計畫應該要向前看，考慮「如何」進行。

營運計畫包括企業預定在一年內完成的各項方案，以期盈餘、銷售、獲利率與現金流量等指標均能達到預定水準。這些方案涵蓋新產品上市、行銷計畫、把握市場優勢的銷售計畫、標明產出水準的製造計畫、改善效率的生產力計畫等等。營運計畫所根據的假設係以現實狀況為基礎，同時經過與財務人員與實際負責執行的業務主管討論而得。舉例而言，GDP成長率、利率水準、通貨膨脹等因素會對營運計畫內的業務發生什麼影響？如果某個重要客戶大幅修正計畫，會對我們造成什麼後果？營運計畫具體說明企業各個不同單位應如何協調步伐達成目標，並探討其中必要的取捨，同時留意突發狀況，以避免無心的失誤，也希望不會錯失意外的機會。

我們一再強調，領導人必須密切參與三項核心流程，同時了解業務 —— 其實只要做到這種程度的參與，自然會對業務相當熟悉。以營運計畫而言，領導人主要的任務是監督策略能順暢無阻地轉換到營運上。因此，領導人必須設定目標，將營運流程的各項細節銜接到人員流程與策略流程上；必須面對龐雜的機會與不確定性，及時做出睿智的判斷與取捨；必須進行強力的對話，令事實浮現出來；而且必須隨時指導員工該如何去做這些事情。在此同時，領導人也在學習 —— 了解自己的員工以及他們事到臨頭時的表現，還有看似完美的策略可能會遇到什麼陷阱。

當然該出面以及參與的不僅只有領導人而已，所有負責執行營運計畫的人員都需要協助計畫的制定。

包熙迪：營運計畫不僅是把許多數字放在一起，而是大家的責任。它就像一根線，串聯起人員、策略與營運，並且能轉換為下一年度的目標與任務分派。

你應該力求讓每位員工都對營運計畫念茲在茲。有愈多員工參與計畫，就表示有愈多員工了解公司對他們的期望，而你也就愈可能達成目標。

　　這種營運流程與傳統的預算編列方式有天壤之別。大多
數公司的預算或營運流程有三大缺失：第一，流程中未就計畫
的假設進行強力的對話；第二，預算的內容係配合最高管理階
層希望達成的結果，但對使結果成真的相關行動方案，卻未加
以討論或具體列明；第三，流程中未提供員工接受指導的機
會，好讓他們可以從中理解業務的全貌，也未能培養他們為共
同目的一起努力的社會結構。

　　這些營運計畫通常是根據原先已編列的預算來制定的，
在順序上其實前後顛倒：因為照理說，預算應該以營運計畫及
各部門提交的計畫為根據，然後以財務數字的形式表達出來，
但一般公司卻反其道而行。

　　預算編列往往耗費各部門人員好幾個月的時間，大家卻
只注意確保各自的利益，而未將焦點放到企業的關鍵課題上，
因此預算常會淪為數字與角力的遊戲，與執行的現實面毫不相
干。這麼一來，所謂的財務目標，只不過是把前一年度的結果
再往上加某個百分比而已，也就是最高管理階層認為可以讓證
券分析師滿意的數字。至於下面的員工則是力求僅以稍高於去
年的數字為目標，所以他們經常會提出低於本身能力所及的數
字，然後再和老闆討價還價。最後雙方可能各讓一步，也可能
老闆會堅持說：「不行，我們的目標就是這樣，你們一定要達
成。」沒有人知道為什麼是那些數字，又該如何達成，反正它
們就這樣成為下一年度該達成的目標。

這種過程使大家的精力徒然虛耗於無用的權謀遊戲上，而這樣制定出來的僵化預算，可能會讓企業錯失未來一年內突然出現的商機。舉例而言，假設第二季時你發現一個可行的方案，能在年底前將市占率提升二個百分點。雖然這個方案需要小額投資，但實施後很可能讓公司的市占率躍居首位，而且一年之內即可回收。你將這一方案呈送老闆，但他看完後，只是悲哀地望著你說：「這是很棒的提議，只可惜我們預算裡撥不出錢來。」

　　這樣的預算也可能導致員工為達成目標，而不惜做出不當的決策。例如，有項常見的做法是在每季結束前將存貨交運，以膨脹銷貨數量。但是這麼一來，下一季勢將付出代價，因為經理人必須採取大幅打折的手段，要不然就得削減生產而犧牲製造效率。

　　夏藍：大多數公司都是以會計人員所設計的系統來編列預算或營運計畫。領導人會提出易於記誦的口號，像是「五／十五」：未來五年平均年成長率15％，大家也都跟著琅琅上口。領導人還宣稱，其中一半的成長來自組織內部，也就是公司既有的業務，另一半則來自購併。這些抱負在在顯示領導人有多麼高瞻遠矚。至於財務長方面，他則預估利潤率會提高，負債會降低，而股價會上漲三倍。然而，一旦問起這些領導人打算如何達成目標，而這些目標又是根據什麼假設而來時，他

> 以靜態的預算來應付動態的世界，勢將削弱組織因應變動的彈性，同時也難以協調組織內眾多運行中部門的步伐。

們似乎並沒有什麼概念，通常只會解釋說：「我們正準備進行研究。」各個事業單位則是根據去年的情況進行規劃，與事業整體的計畫並無關聯，彼此之間也缺乏共通的了解或聯繫，未同步進行對話。

這種預算程序其實恰好與規劃的本意相反。由開始編列到最後獲得核准的這段時間（有時可能長達四個月之久），環境可能已經發生了變化，而預算所依據的基本假設卻未能調整。以靜態的預算來應付動態的世界，勢將削弱組織因應變動的彈性，同時也難以協調組織內眾多運行中部門的步伐。

某位執行長正在致力解決此一問題。他的公司有五項事業，過去五年來，公司的股價不動如山。兩年前，他由其他公司轉來這家公司，雖然在生產力的提升上頗見成效，但成長幅度卻遠不如他的預期。除非該公司的績效能有起色，股票能出現更高的本益比，顯示股市對公司的肯定，否則公司就會很難進行許多大規模購併。

執行長定下了未來五年的大計，鼓勵員工設想有什麼可能的發展。為了充實他的策略計畫內容，他邀請公司位階最高的一百名員工共聚兩天，提出各自的想法，也藉機激勵他們的士氣。目前他正請各事業單位都參與思索創造成長的新途徑：新的價值提議、新通路、新客戶。他的做法正在改變公司的信念、行為、人員、資源配置。他也進行橫向整合，讓各事業單位透過同一通路銷售。現在，他也正著手制定包含每季行動步

> 幾乎所有預算或營運計畫在運作上都有順序，然而這種有順序的預算編列方式，必然缺乏同時性對話的力量，無法讓員工看清企業的全貌。

驟的營運計畫。

▶ 如何在三天內完成預算編列

　　許多大型企業花上好幾個甚至好幾個月來編列預算，這不但沒有必要，也相當浪費時間。你可能已經看出，這段期間其實可以、而且也應該大幅縮短。不過，你是否相信，你可以在三天內就把預算編列出來？我們知道的確有一些公司做得到。

　　首先，將所有相關事業部門的主管聚集起來，進行強力的對話，由他們共同勾勒出公司的完整圖像，包括各部門之間的關係。我們稱之為「同時性」（simultaneity）原則。

　　幾乎所有預算或營運計畫在運作上都有順序，也就是由上往下或由下往上：目標與一般性假設來自最高層，而各事業單位則負責各項細節。然而，這種有順序的預算編列方式，必然缺乏同時性對話的力量，無法讓員工看清企業的全貌，也不能將各個運行中的部門銜接起來。

　　上述對話為期三天，所有事業單位主管的直屬業務與幕僚人員也都參與其中。他們已事先看過有關外在環境的一般性假設以及競爭者分析的資料，還有未來年度每季財務與其他目標等等。

　　會議的焦點集中於二十個左右的預算項目上。這些項目

包括產品組合別的營收、營業利潤率、行銷費用、製造成本、工程與開發成本等等,大致可以解釋八成左右的績效水準。會議開始時,最高領導人會先請每一部門提出自己就達成這一預算的行動計畫,然後他會針對相關假設提出質疑,以測試計畫的健全性,同時也會詢問每項行動計畫對其他業務可能造成的影響。例如,如果某位經理人希望藉降價以提高銷售量,這種做法勢必會對製造部門造成壓力,因此製造部門會詢問:新增的成本是多少?是否需要加班?其他部門也會提出進一步的質詢。

　　等到大家發言完畢,會議暫停一小時,由每位經理人帶領自己的小組人員討論相關的資訊。例如,製造部門人員會算出在較高產量下,平均成本可以節省多少,並因此產生多少降價空間。他們也可能會討論其他可行方案:是否該增加為三班制?還是考慮外包?增加的零組件來源何在?等到再度集合開會時,大家都將自己的討論結果輸入一個共通的電腦空白表格程式中。不用多久,大家都可明白整合出來的預算狀況為何。他們可以即時了解哪些方案行得通,哪些行不通,還有各部門同步運行的程度如何。接下來他們會再重複一次上述的程序,進行質疑、重組、修正,通常要經過四個回合才告一段落。這時得到的是基本的預算與營運計畫,等大家各自回到辦公室後,再填入其他預算項目,並為整個計畫補充完整的細節。

　　如果你無法好好掌控對話的進行,讓參與者可以表達相

互衝突的觀點，並協商談判如何取捨，又如果你是那種缺乏安
全感的人，必須把資訊留一手以鞏固權力，那麼奉勸你不必嘗
試上面的預算編列方式。不過，如果你條件適合，那麼透過這
一流程所能得到的是以現實為基礎的預算，不但可以讓員工安
心地遵行，而且一旦遇到企業環境改變，也可即時因應，做出
必要的修正。經過這樣的過程，每位員工都將會了解自己在整
個企業中所扮演的角色，而你也會發現他們的行動變得更快
速，也更願意嘗試新構想，因為他們知道自己不再受限於僵
化，甚至過時的預算結構而動彈不得。

你還會發現，這種做法對建立團隊精神大有幫助。

▶ 讓各部門同步邁向目標

同步化（synchronization）對卓越的執行以及士氣的提振
都至關緊要。同步化是指組織內運行的各部門對營運年度的外
在環境持有共通的假設，同時也有共通的理解 —— 就像左手知
道右手在做什麼。同步化的做法包括讓相互依賴的部門間目標
一致，並且讓各部門的優先順序能和組織的其他部門相契合。
一旦情況改變，透過同步化的作用，能將多重的優先順序重新
排列，並據以重新分配資源。

舉例而言，假設某大汽車公司擁有十個品牌，可供組合
的選項與色彩高達三百萬種，同時有一百家以上的工廠遍布全

球，另外還有數百家供應商、數千家經銷商、六家廣告商。所有這些組成份子每天都在進行各自的決策，也在不斷運行與變化之中。假設利率走低，各個市場區隔的成長不會相同，每個品牌增加的產出不會相等，每家經銷商能賣掉的車子數量也不會相同。因此，這些組成份子必須經過同步化的過程，才能讓公司在不同地域或經銷商的市場區隔中無往不利。

在大型公司中，同步化是一件相當複雜的工作。例如，假設有人決定要促銷某項新商品，他可能需要六個月的前置期間，因為當中涉及的部門計有廣告、促銷、倉儲、物流（通常會外包出去）等。外界狀況一有變化，這些關係也要隨之改變。例如，需求下降時，廣告、促銷、生產規劃、存貨水準之間的關係便必須改變。但是要如何改變呢？有哪些變得更重要，又有哪些變得不重要？執行力高的公司如奇異公司、威名百貨、戴爾、高露潔—棕欖等，它們的營運系統在進行相關因素的同步化時，總是比一般公司更快、更好。

九一一事件導致底特律的汽車業憂心忡忡，生怕對汽車的需求將一蹶不振，結果的確有好幾天的時間不見生意上門。此時通用汽車北美地區副總裁扎瑞拉（Ron Zarella）構思了零利率融資方案，希望提振買氣。他在時機上掌握得恰到好處，因為到十一月時，聯邦準備理事會將利率調降到1.75％，為四十年來僅見的低點。這樣一來，消費者很容易可以透過二度融資取得支付頭期款的現金。汽車需求量急速竄升，由每年一千

六百萬輛增至二千一百萬輛以上。

　　這項行動有賴於營運計畫能及時更改方案並重新配置資源，同時還要讓公司各相關部門同步化調整。通用的各型車輛各該生產多少？哪些區域需要哪種產品組合？公司該花多少廣告經費？又該花在哪裡？花在哪些產品上？如果生產與廣告未能取得平衡，可能帶來雙重的負面效果：因為零利率融資原已削減利潤率，如果生產與廣告不平衡，還會導致銷售減少與成本提高。

　　這項方案為通用汽車開創了大好商機，雖然其他業者也迅速加入，但通用靠著快速的執行，還是使市占率立即竄升。通用這次可說是全力以赴，因為它認定這一方案並非只是一時的權宜之計，而是足以挽回過去三十年來市占率頹勢的大好機會。稍早的成本削減措施已經改善了公司生產力，而前面提過的汽車界奇才、現任副董事長的魯茲也制定了一些新的決策，在目前的廣告以及來年的車款中可見分曉。通用如今的算盤是，這項方案所激發的市場動能與高昂士氣應有助於固守戰果，甚至還進一步擴大獲利。

▶ 目標要務實，假設要健全

　　營運計畫要在執行時能觸及關鍵課題，就得在現實基礎上編製預算。資本市場對公司的預期如何？你對企業環境的假

設是什麼?如果是晴天,你該如何把握機會勝過對手?如果是下雨,你又該採取什麼行動,比對手更安穩地度過風暴?

你的主管對這些了解多少?他們在面對變局時,能發揮多少創意?他們是否精於透過強力的對話來掌握事實,而不用等待更高層的批准才行事?

在任何營運評估中,對相關假設的討論都該算是關鍵的部分 —— 這裡不僅指一般性的假設,還包括具體涉及各類業務、按區隔或按細目分的細節性假設。這正是傳統預算評估所欠缺的重點部分。要設定務實的目標,必須先對其背後的假設進行討論。

在預算與營運計畫的協商過程中,必然存在某些本質上的利益衝突,人們會各有自己的假設,也都沾染上本身功能或立場的色彩。例如,生產部門人員希望盡量壓低成本,因此希望能發揮最大產能,同時維持穩定的生產水準。銷售部門主管也樂見增加產量的構想,因為可供銷售的貨品愈多,就愈有機會提升銷售額。兩者的動機都是著眼於本身特定功能的發揮。

然而,財務主管卻有不同的意見:「我看不出整體經濟有什麼成長的趨勢,到頭來我們可能存貨堆積如山,使資金遭到積壓。那時我們就必須降價求售,還得花費額外的促銷經費才能把存貨脫手。」

在傳統的預算評估中,他們會各自基於本身的假設,透過協商而達成某種折衷方案。不過,最好的方式還是讓大家開

誠布公，各自說明本身的假設，並且由一位領導人針對這些假
設提出尖銳的質問，然後可以讓這些假設透過客戶或其他來源
進行測試，以驗證其正確無誤。有了這些相關資訊後，自然可
以根據事實，做成明智的決策，這也是營運評估應有的做法。

由團體公開對假設進行辯論並做出取捨，乃是社會軟體
的重要部分。這樣做可以培養所有參與者的領導能力，而且讓
他們有機會對企業外部與內部情況共同建構並分享一幅完整的
圖像，有助於提升他們同步化的執行能力。同時在這種過程
中，他們也公開的對執行許下承諾。

包熙迪：你必須在考慮各項財務數字前，先釐清其中相
關的假設。身為領導人，你要追根究柢，了解員工是否對計畫
內的各項元素都已徹底思考清楚。如果他們自己不曾察覺某些
可能會出問題的假設，你必須能夠抓出來，切忌只在心底嘀
咕：「這些傢伙鐵定無法實現這個計畫。」或到事後才微笑地
說：「我早就料到會這樣。」你應該盡己所能，協助他們完成
計畫。

例如，假設某人計畫中列出的銷售數字，在第四季出現
陡增的情形，我就會問：「為什麼？第四季會有什麼因素導致
這樣的增加？我不希望你們的計畫裡有任何不切實際的挑戰。
我希望的計畫是有野心，標準也稍微高一點，但不至於超出能
力所及。」

你需要一系列的假設 —— 有些是負面假設，也有些是正
面假設。例如，公司即將進行勞資協商，如果情勢發展不理
想，你可能要有預先建立庫存的計畫，以因應罷工的情況。又
或者研究經費因為目前無法預知的因素而超出了五百萬美元，
你該怎麼辦？你可以由哪些其他部門取得這額外的五百萬美
元？如果由正面因素來說，萬一銷售量是預估的兩倍時怎麼
辦？你要如何調整製造部門以趕製必要的數量？如果某些需要
早早預定的零件發生短缺，你又該怎麼處理？

這些討論不宜太早進行。營運計畫應力求時效性，但一
般人往往過早把一些數字湊在一起。我比較樂見的是八月起開
始構思，但此時還不需要具體的數字。一開始的時候只需要對
每一部門的銷售與盈餘有一些概念（當然你不可能把概念與數
字視為不相干的兩回事），不過別忘了這些數字此時尚在一萬
英尺的高空。一直要等到對各部門的事項都已思考完畢，才應
該讓計畫進入細節部分。我們公司是在十一月才把計畫做最後
定案。

■　■　■

在此，我們所談的是哪些假設？這些假設涵蓋廣泛 ——
任何足以影響企業的事項多少都需要有某種假設。

首先最重要的是：誰是我們的客戶？他如何購買，又為

何購買？客戶的需求是什麼？這一需求能持續多久？競爭者有何動作？我們提出的主打商品是否夠好？

　　如果你的客戶是廠商，那麼就要問：誰是我們客戶的客戶？或更進一步，誰是我們客戶的客戶的客戶？因為他們的需求或問題也將影響到你的客戶。許多人眼光短淺，只看到自己主要的客戶，而忽略了對公司產品需求的最終決定權其實是操縱在這些客戶的客戶手中。

　　夏藍：在電信業的泡沫破滅後，思科認清事實的速度相當緩慢。等到公司最後終於改變方向時，大多數供應商的手裡都已充斥了大量存貨，這全是該公司過度樂觀的後果。不過，波特蘭（Portland）一家小供應商卻是個例外。早在思科宣布緊縮前，這家公司的執行長就已經向董事會成員探詢是否知道思科重要客戶的投資計畫，如維瑞森（Verizon）、美國電話電報、英國電信等。他也密切觀察這些公司最大客戶的動作，像是通用汽車與美國運通（American Express）等。根據各方蒐集得來的資訊，他判斷思科的樂觀看法顯然有誤，於是事前就暫時關閉一家工廠，因而得以維持公司的流動性。

　　　　　　　■　■　■

　　競爭者對你的動作會做何反應？會調整價格嗎？你對它

們即將引介的新產品知道多少？有沒有哪一家競爭者打算採行某種行銷策略，更深入地打進你的地盤？

至於你的供應商：是否能夠以合理的價格準時供應充分的貨品？如果它們在國外，那麼匯率變動會對你的成本造成什麼影響？

你的配銷通路：交貨是否準時，帳單是否正確？是否財務健全，還是你必須延展信用？是否為業界最佳，還是即將被新加入者取代 —— 比如說透過網路銷售的業者？如果競爭者以更大的數量與你現有的經銷商交易，而讓你處於劣勢，你會採取什麼行動？

經濟：整體情勢乃至你所處的各個市場區隔以及區域的未來展望如何？

包熙迪如何因應九一一變局

九一一事件發生後，全球各地的公司都緊急修改預算與策略計畫。漢威聯合最高領導團隊也修正了營運計畫，下面包熙迪會加以說明。其中某些反應不難預期，不過請注意，如果在執行力不佳之公司的傳統預算與規劃流程中，他們所討論的一些事情大概很容易忽略。

包熙迪：我們當時正在擬定二〇〇二年營運計畫的初

稿，也已經對某些假設做過檢討。在九一一之前，我們就看出航太產業已露出疲態，所以打算以精簡人力來因應。

九一一事件爆發後，航空業者倏地陷入危機，僅第四季的虧損就預估達四十億美元。由於大批旅客不願搭飛機而辦理退票，所以航空公司在資金週轉上相當吃力。不過另一方面，政府似乎有意提供某種形式的補助，但金額與時間還不清楚。至於航空公司本身則表示，二〇〇二年可能只會飛行正規班次的八成左右。我們公司航太事業部最賺錢的備用零件業務幾乎立即陷於停頓，因為一些航空公司停業好幾天，也中止下訂單。

我們眼前的問題是，如何對第四季以及二〇〇二年進行務實的評量？我們蒐集了大量資訊，打了一些電話，最後的結論是：銷售額可能會減少十二億美元左右，而且其中有不少是屬於高利潤的維修零件部分。國防類銷售可能要到二〇〇二年稍晚才會有起色，因為由軍事動員到實際的採購行動間一定會有時間落差。

我們認為商務航空部分 ── 公司專機 ── 只要飛行地點的限制問題能解決，下一年度會更有發展。由於搭乘商用客機的不便利性勢將增高，我們推斷會有更多人購買自用飛機或取得商務飛機的部分所有權。因此，我們認為在商務與航空這兩個區隔中，維修零件需求減少的幅度應該較少。

將這些因素一一納入考量之後，我們認為盈餘會因營業

利潤率下降而減少五億美元左右。接著我們就問：我們該如何讓公司的成本也減少五億美元？在這樣的環境下還想力求成長未免不切實際，所以我們將目標放在維持二〇〇〇年的盈餘水準。

我由各事業部門拿到詳盡的計畫，其中說明將如何由成本面著手，以因應銷售的下跌乃至利潤率的降低。等到我們就此達成共識後，就將預估的數字分配到四季上。當時許多人都主張，受到九一一的影響，雖然第四季及明年第一季，甚至第二季前半的狀況會變差，但下半年可能會改善——因為經濟衰退幅度比我們在九一一之前所預測的更深，所以復甦也可能會加速。但我們並未採取這種假設，所以一旦情況發展果真如此，我們可能就必須要加速動員起來，而且可能還會喪失一點商機。不過我們認為，比起復甦較預期更為遲緩的風險，我們還寧願冒這種風險。

另一方面，對於航空公司要求將債務展期，我們也必須做出回應。我們也要求供應商能夠相對給我們展期——我們可不希望成為最後一棒出資融通的人。

由於經濟情況普遍惡化，我們其他的業務大都也會受到傷害，因此我們也同樣將上述過程重複一次。可能的銷售額是多少？利潤率會遭受多大損失？某些業務為達成利潤成長的目標，在費用上要節省多少？在此停滯時期該以什麼方案來激勵銷售人員？生產力方案內容如何？為協助生產力的提升符合預

期目標，該有怎樣的數位化方案？

　　在此同時，有些領域在整體經濟情況不佳時仍然展望良好。我會在接下來仔細說明其中的一個，那就是具有全球成長潛力的汽車產品。

　　在探討這一汽車產品的經濟假設時，我們考慮了四項因素。第一是立法狀況，因為這項產品與各大市場的廢氣排放管制規定密切相關。哪些地方的法規可能趨於緊縮？第二，我們觀察總體經濟環境或全球GDP的成長率。第三，我們注意每一地區個別的汽車銷售環境。

　　第四，我們分別分析世界主要汽車市場 —— 歐洲、美洲、亞洲 —— 因為它們需求各異。由於我們的產品會影響燃油效率，所以我們會注意主要市場中每個國家在這方面設定的標準。我在此不擬詳細說明這些假設背後所包含的諸多細節，不過合在一起來看，它們在評量產品潛力上扮演了重要角色。

　　例如，由於中國大陸經濟成長快速，加上廢氣排放標準日趨嚴格，以及小型車的需求持續增加，使得亞洲市場的成長潛力非常龐大。歐洲市場經濟基本面良好，但我們產品所屬的市場區隔則情況平平。

　　此外，北美另一個市場區隔將會萎縮14％，但我們在美洲的普及程度尚低，這一區隔中的某些次組合的使用擴增，對我們的產品也屬有利。另外，新技術的引進也可能帶來利潤的成長。

我們也十分留意商用車客戶之間日益整合的情況。我們
對每一重要客戶都預估其二〇〇一年的營收,同時特別重視可
能對它們產生影響的關鍵性發展。我們預測,有兩個重要競爭
對手將加強爭取我們一位重要客戶。我們也分析了成長的實力
與產品方案的推出,同時研判整個客戶層對我們產品興趣的高
低。

▶ 制定營運計畫

一旦各項假設確定後,營運流程的下一步驟就是制定營
運計畫,這是發生於營運評估中三階段的流程:首先要設定各
項目標;其次是研擬行動計畫,包括在短期與長期目標間做出
必要的取捨,同時也要對特定領域研擬應變方案;最後,你要
取得所有參與者的共識與結論,同時建立後續追蹤措施,以確
保參與者能完成承諾,或在承諾無法實現時採行補救步驟。

營運計畫始於確認關鍵性目標:營收、營業利潤、現金
流量、生產力、市占率等等(參見圖三),包含的項目依企業
而異。不過重點是,這份只有一頁篇幅的摘要,焦點應是與改
善經營成果密切相關的重大事項。這些項目的選定過程是由外
而內、由上而下。所謂由外而內,是指這些數字必須反映經濟
環境與競爭情勢,同時也能藉以讓投資人明瞭,本公司股票為
何比其他同業更值得投資。由上而下則代表目標的設定也是由

圖三　財務數據摘要			
	2002年	2003年	2004年
營收			
銷售成本、綜合開銷及行政費用（占銷售額百分比）			
研發費用（占銷售額百分比）			
營業利潤（所得）			
現金流量			
生產力			
資本支出			
投資報酬率			
薪資普查			

這份一頁的財務概覽所包括的資訊，有些在營運評估中通常看不到：生產力、員工普查、在未來年度展現的當年度投資。

整體到局部 —— 也就是由企業整體著眼，而以各組成部分為子集合。有太多公司的做法剛好與此相反，它們利用預算程序彙整各事業部門不同層次的計畫，然後集合為一個全體的計畫。這種做法造成許多精力的浪費，因為各部門員工在反覆磋商之際，相關數字必須一再修改。

　　一般來說，最終的財務目標乃是每股盈餘。每股盈餘的高低主要繫於營收目標，行動方案的建構基礎也在於此。如果只是單純將上年度的數字機械地提高一點，而不去討論該如何

因應提高營收目標的挑戰，或該如何誘發創意構想，就是犯了重大的錯誤。這類強力的討論應涵蓋諸如訂價、客戶組成、產品與通路組合、廣告與促銷、品質、數量，以及銷售人員流動率的事項，還有經濟、競爭形勢、競爭者反應等相關假設。

最重要的，這些討論一定要密切注意毛利率。許多人只著重追求營收成長，卻忽略該如何同時提升或維持毛利率的水準。殊不知毛利乃是利潤的源頭 —— 所有營業費用都係由毛利而非營收中扣除。一切都源自毛利。如果你無法將價格做必要的調整而達成獲利目標，就必須要削減成本。

夏藍：某家在全球名列前茅、規模一百億美元的工業公司，早在九一一之前就已深受不景氣的重創，同時又面對一位來自亞洲的新競爭對手。該公司預估二〇〇二年的營收會縮水十億美元，而執行長也根據這個假設來制定營運計畫，不過他並未將焦點放在毛利上。某位好友在看過他的預估後指出，由於該產業所面臨的通貨緊縮環境，毛利率衰退的情形會比營收還嚴重，將由25％跌至20％。這位朋友因此建議他針對如何彌補這個狀況重擬計畫：強力推行變動成本生產力的改善，並將總部的幕僚人員裁減一半，同時也簡化管理層級。他接受了建議，在一週之內重新制定計畫，以達成理想的毛利率水準為努力重點。

　　　　■　　　■　　　■

　　營運計畫涵蓋下一年度所有的重大方案 —— 行銷與銷
售、生產、功能性營運、資本支出等等。在擁有多元業務部門
的公司內，這些方案來自不同的業務部門，代表它們對目標的
挑戰所做的回應。前面所舉漢威聯合對九一一危機的反應，可
以一窺營運計畫制定的過程。以下還是以漢威聯合為例，說明
它如何為特定汽車產品擬定計畫。

　　包熙迪：該產品事業部經理所提交的計畫，採用了我們
已取得共識的假設，其中南美與亞洲的營收成長率在15％以
上。這份計畫接下來預估各區域的營收與營業利潤率，並列出
達成這些成長目標的關鍵方案。例如在亞洲市場，我們計畫支
援客戶處理該地區日益受關注的環境議題。我們也有一項方
案，內容是開發中國大陸新客戶，並以中國為低成本供應基地
來推廣全球高科技的銷售。

　　還有一項方案是關於獨立的維修零件製造商，我們認為
這是相當有成長潛力的高利潤區隔。這項方案的重心在於以下
的關鍵課題：

- 改善送貨並增加產品的效益。
- 實施每週績效檢討以推動戰略行動規劃。

● 配合客戶與經紀商的存貨策略設定前置時間。

我們分析產品與客戶的組合，按照不同的區隔與地區來劃分，分別決定營收的數字。在為各區隔設定營收以及營業利潤率的目標時，我們要判定哪些因素或假設會增加或減少需求。在此同時，我們也希望知道可否採取提高價格的措施，還是將要面對降價的壓力。這些問題的答案因區隔與地區而有異，因為它們各有不同的競爭環境，而且其客戶所屬產業的狀況好壞不一。

其他還有幾項因素會影響營收。例如，在決定漢威聯合某一事業部二〇〇一年的目標時，我們考慮的相關因素包括某一產品區隔出現的新用途，還有另一區隔中發生的收購案，不過這些有利的因素會被另一區隔內停滯的需求所抵消，尤其是在北美地區。但以整體的市場情況而言，我們仍可達成相當可觀的淨成長。此外，匯率與價格的因素也會影響到最後的數字。

在設定營業利潤率目標時，我們特別注意某些關鍵性方案，例如引介高度差異化的新產品，以爭取較佳的價格及利潤。

▶ 取捨的藝術

營運計畫要將策略轉化為行動時，必然會碰到我們在前兩章提過的取捨問題。某些策略擁有非常具體而清晰的理念，可以讓企業兼顧獲利與成長，但先決條件是要在目前的營運期間先從事投資。在這種情況下，領導階層就必須有所取捨。

企業的這類投資（無論是在技術、產品、客戶區隔或地理區域方面）是源自策略對話，也與其有直接的連結。在企業營運中，領導人也會透過後續追蹤來確保策略方向是具體清晰的，沒有發生偏差，同時經由資源的配置將策略化為行動，並且確定這些資源的來源相當明確。領導人還需確認已清楚交代權責分明的原則，而且會在後續的檢討中對此持續追蹤。

如果企業必須在營運期間內削減費用，那麼經理人不應片面行事。相關的決策應經過討論，而且由執行長參與其中，因為他是營運計畫和策略計畫的連結點。你要投資哪些產品線，不願投資哪些？你是否能運用創意找到資源，為未來的業務奠定基礎？或許你可以在產品組合中納入更多高利潤產品，或是採行強力促銷方式以增加銷量。或許你打算今年關閉一家工廠，將生產移往成本低的國家。又或許你該將這一行動延緩一年，以避免離職金之類的短期成本隨之上升？如果公司產品是消費品，你是否該冒增加廣告支出的風險來爭取更高的銷售量？如果真要這麼做，應該是多打廣告，還是多發送折價券？

> 有些取捨是發生於各事業單位之間，你勢必得對構成
> 這些單位相對價值的所有重要因素都要有所了解。

　　這項對話也要注意實際負責員工的素質問題。當然這時執行長還是不可或缺的，因為他也是營運計畫與人員流程之間的連結點。

　　持續提升的生產力乃是源源不絕的資源。像奇異、艾默生電氣、高露潔—棕欖等公司，每股盈餘連續成長十五年以上，就是因為善於利用短期投資厚植未來成長的實力，而能年復一年提高生產力。漢威聯合有一個規模為十億美元的事業部，某年它在一般行政費用上節省了三千萬美元，於是就以這筆金額再加上改善產品組合所獲得的七百萬美元，投資於新產品開發。經過一段時日後，這項注重生產力的做法為該事業部累積了競爭優勢。也就是說，三千七百萬美元的產品開發支出讓一個十億美元的事業部取得重大的競爭優勢。

　　有些取捨是發生於各事業單位之間，抉擇起來並不容易，因為你勢必得對構成這些單位相對價值的所有重要因素都要有所了解。比如說，如果經濟正走下坡，哪些單位該多削減經費，哪些單位可以少點？雖然有時答案看起來好像很明顯 —— 盡量不要砍獲利高的單位 —— 但卻未必正確。如果某事業單位股票的本益比偏低，顯示資本市場對其評價不高 —— 這可能是因為整個產業雖然展望平平，但該單位卻因為率先削減成本，而致獲利頗豐 —— 那麼這時你就該多重視其他一些更具長期價值的單位。

▶ 營運流程的最後結果

　　營運流程的結果之一，就是確立足以具體清晰地反映企業期望、並「可能」達成的目標。說「可能」，是因為這些目標均以最符合實際狀況的假設為基礎，而且對如何達成也有對策。

　　圖四與圖五顯示我們剛才討論過的事業單位的營運流程結果，相當具體而清晰。其中顯示未來一年營收與營業收入變動的各項來源及其相對大小。（同樣的，在第六章提到的某家零件製造公司要轉型為出售解決方案的公司，這時業務經理與工程人員便必須就這項策略轉變相互配合，完成有價值的產品組合建議。）

　　營運流程除提供清楚的目標，也產生許多學習的機會。參與評估的主管們所思所談的內容，都是企業的真正核心所在，因此他們得以由整體的觀點來看公司，並了解自己的部門該如何融入這一整體之中，同時也學習到環境發生變化後，該如何重新配置資源以為因應。

　　營運流程是領導人提供指導的絕佳機會。預算中所列出的營運項目可能超過五百個：哪些是比較重要的？它們之間的關係如何？這些問題的答案並無公式可循，而且根本不可能有這種公式存在。在追隨領導人共同解決這些問題的過程中，員工得以練習如何取捨，以及如何平衡長短期目標。

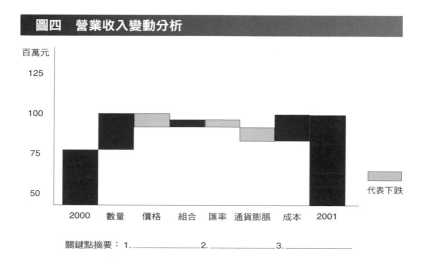

圖四　營業收入變動分析

關鍵點摘要：1.＿＿＿＿＿2.＿＿＿＿＿3.＿＿＿＿＿

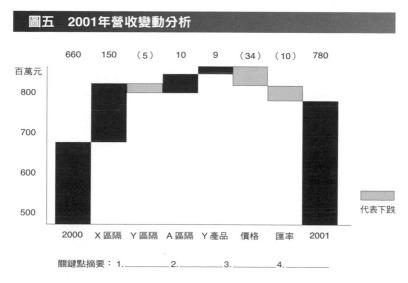

圖五　2001年營收變動分析

關鍵點摘要：1.＿＿＿＿2.＿＿＿＿3.＿＿＿＿4.＿＿＿＿

在這樣的社會環境中，員工可以學會如何提出一針見血的問題，而主管則可以磨鍊自己鼓勵員工發問、帶出所有觀點的技巧。如果將各次對話串聯為一個整體，可以讓各部門主管建立起更密切的關係，而且還可將同樣的技巧應用到本身的評估作業中，激勵部屬並拓展他們的實力。透過這樣的過程，組織的社會軟體得以建立。

最後，營運流程能增強自信心。領導團隊知道他們可以完成目標，因為他們擁有足以應付變局的彈性，而且對如何安然度過最劇烈變動的環境，也曾仔細研討過因應對策。經過這樣的營運流程後，他們就好像是接受過飛行模擬器訓練的飛行員。

▶ 後續追蹤三步驟

任何良好的評估會議都會在結束時獲得結論並進行後續追蹤，否則大家可能在開會時點頭同意，但幾天後就開始想盡辦法推託責任。領導人必須確定每個人都已獲得正確的資訊，同時也願意為自己承諾過的事負起責任。

寄上備忘錄

一項有效的做法就是致送每位與會者一份備忘錄，將敲

定事項的細節摘要列明。下面就是一封這樣的信，由包熙迪在一九九九年營運計畫評估會議之後致送聯合訊號某一事業部。該事業部的銷售狀況不錯，而且預計還會更好，因此信函主要的焦點在於如何爭取更高的利潤。

一九九八年十一月二十五日
受文者：X團隊各主管
發文者：包熙迪

首先感謝你們為一九九九年度營運計畫所做的扎實評估。下面一些看法可供你們與各級主管分享。

- 一九九九年的計畫應注意能因應不同狀況的發展，因為經濟情勢有高度的不確定性。
- 面對這種不確定性，我們的計畫對生產力應訂定高標準計畫，足以達成目標而有餘。
- 研擬削減成本結構的建議。我希望了解你們準備怎麼做，成本有多高，而且對一九九九年度營運計畫的財務數字有何影響。
- 我們的品質問題相當令人擔心，請持續努力改善品質。我特別憂慮和X客戶的問題。請擬定一項方案，讓他們了解我們正在著手解決這一課題。這個解決方案中的一項關鍵因素就是進一步縮減我們的供應基地。

- 在減少運送遲延上表現不錯。不過,你們部門逾期的發生率在整個公司裡仍屬最高,所以還有改進的空間。
- 供應鏈在我們流程順序上最為優先。不要個別解決問題,而要針對整個流程。請確認我們對達成第四季的削減目標有明確的對策。
- 三千六百萬美元的降價損失需要持續評估,以期找出一些有創意的對策,減少不利的影響。
- 成本削減對你們而言是大好機會。成本下降一個百分點就可以讓情況由緊張轉為寬裕。

A 業務

- 你必須在品質上面加強,30%的客戶退貨率實在太高。多花點資源在工程方面以改善品質。
- 我們似乎沒有充分享受到維修零件價格上漲的好處。該想辦法了解一下我們為何未能看清狀況,如果涉及成本的問題,應該擬定計畫加以消除。
- 對於改善修理與翻新業務的利潤率要有一套方案,尤其是商用推進器產品要特別注意。
- 我們應對Z產品線爭取更佳成績。
- 為因應你所指出各項可能發生的風險,我們必須有周全的應變方案,並將焦點放在成本上。

製造營運

- 在正常的經濟狀況下,你們的各項原料方案並沒有問題,可是在目前通貨緊縮的環境中,我們要的不止這些。請與A主管配合,使方案能更臻完善。你這裡的機會很多,所以我希望你們的目標更為積極。

- 你們的存貨目標不夠積極。請你與A、B兩位主管合作,確定你的存貨狀況,並制定目標更積極的合理方案。不過請記得,在降低存貨的同時也必須縮短前置時間。第四季時的降幅必須有相當的水準,以達成現金流量的目標。

- 請將更多注意力放到六標準差上,請務必留意發揮黑帶/綠帶資源的價值。

- 雖然我們成功提升B產品線的生產力,卻犧牲了流動資金。請思考能否運用更少的流動資金來改善生產力。

一九九九年度營運計畫目標

下面是修正後的目標(以符合你們所送交計畫的假設為基礎):(以下省略)

整體而言,上週所做的年度營運計畫簡報相當優秀。顯然A產品的製造部門對本身業務十分了解。我非常感謝你以及你的團隊所投入的辛勤工作。讓我們十二月九日再共聚一堂,討論D、E、F事業部門如何達成目標的細節問題,以及其他可

行方案。

事先規劃應變之道

執行力強的公司可以立即將應變計畫付諸實施，就像我們前面提過漢威聯合因應九一一事件的做法。一九九七年亞洲金融風暴襲捲全球經濟時，聯合訊號與奇異公司都在六週內，就制定了應變計畫並重新編列預算。兩家公司之所以具備這樣的能力，是因為事前即已思考過相關問題，而且多年來一直反覆練習這個流程。

包熙迪：營運計畫完成後，領導階層應注意哪些假設最為脆弱，以便規劃應變之道，在結果開始不符預期時實施。例如，預估某項業務如未達到10％的成長目標，那麼在營收上會不足X，而在利潤率上會不足Y。因此我們要規劃一下，在成本上要節約多少，還有生產力要提高多少，才能彌補不足之數。我們不必管到非常瑣碎的地步，因為員工都很有調適能力，知道什麼時候該採取什麼調整行動。

每季進行檢討

每季檢討可以協助維持計畫不致脫節，同時強化各單位

間的同步性，也讓領導人清楚了解哪些人對業務掌控得宜，哪些人出了問題，又需要什麼協助。

　　包熙迪：我會請人力資源的人員陪我一起去各事業部，尤其是我不熟悉的部門。在開始討論營運計畫前，我們會先與該事業部總經理及其人力資源人員共同檢視人員與組織的發展計畫。我會表明現有策略很恰當，也已轉換到營運計畫中。然後我們會由上一季的觀點來逐一檢討營運計畫：銷貨、市場成長、外生因素、利潤率、費用水準。我喜歡和許多人一起進行這個過程，以便與更廣泛的對象對話。我發現員工素質愈高，愈歡迎這種檢討。再來，我會主持一個公共論壇，在大會議廳內或卸貨碼頭上不拘什麼所在，將一群員工聚集起來，談論公司將要做的事，並接受他們的發問。在搭機回去途中，我會摘要記下我們在每季檢討中達成共識的事項。

　　檢討本身可以做一個比較基礎，用以將總經理的表現與前一季的計畫做一對照。總經理可能告訴我計畫必須調整，也許他會這麼說：「我們第一季的銷貨沒達成目標，因為那是淡季。」我會這麼回答：「等等，去年第一季也是淡季，所以你提出的這個理由有意義嗎？」也許他會這麼答辯：「不過我知道第二季的銷貨會好起來，我們到第二或第三季，就可以趕上進度。」這時我會告訴他：「假如你做不到呢？那就表示我得等到第四季，確定你到第三季為止都達不到進度之後，才能開

始採取行動。我想我們還是別這麼做，最好現在就假設你不能達成銷貨目標，而立即採取一些措施。如果日後證明你能符合進度當然最好，因為你會超越目標；如果你真的發生問題，現在這樣做也等於提供你一些保障。」生產力的問題也是如此。如果有人說：「我們第一季的成效不佳，不過第二季就可以表現正常。」我同樣會回答：「假設你做不到呢？那麼你現在準備採取什麼對策？」

我的目的是希望他們能做好準備，以便到了年底仍然可以完成原先計畫。我會仔細探討第一季的狀況，以了解他們對計畫的認識如何，未來又有什麼打算。我所強調的是及早採取行動。

我希望表達的是：「各位，我們談的是營運計畫，這不是希望或夢想，而是現實。不要告訴我你希望情況會變好，也不要告訴我你夢想自己的表現會更好。事實就是第一季的情形並不好，這才是我們立足的所在，也是我們要採取行動的事實基礎。」

假設事情的發展讓我們預估第二季結束時會需要某項現金支出，我可能會略為削減資本預算。我會說：「我們原本核定你的營運計畫可以有五千萬美元的資本支出，不過現在我準備要減到四千五百萬美元，以維持現金流動的計畫，所以你們現在得挑出那些對企業最有利的投資案。等到下一季結束之

後，我們再來看看，或許那時還可以再考慮那些被擱置的案子。」

這種流程並不保證公司每個計畫都能順利完成 —— 這是不可能的。不過，它的成效會令你驚訝：縱然實際情況與當初計畫制定時有很大差異，但還是有不少人達成的績效與預定目標相差無幾。

▶ 可供努力實踐的目標

我們前面曾提過，在傳統預算流程下，目標與現實情況脫節，因此對負責達成目標的員工毫無意義可言。以執行的社會軟體為基礎的營運流程可以解決這樣的問題，因為員工本身要參與協助設定符合現實的目標，而且這些目標與他能獲得的報酬相互連結，因此他們對攸關目標達成的營運計畫自然視為本身的責任。這正是達到權責分明的基礎所在。

包熙迪：假設營運計畫一路執行下來，離當初預估的數字還差了五千萬美元。我會告訴大家：「我們公司認為這是符合實際的目標，而且也讓別人有這樣的想法。我們曾要求大家要努力達成既定目標，不過現在就你們對自己業務所做的估計數字，仍然和我們認定該達到的數字有落差。」

我不能逕自把他們達不到的數字丟給他們，因為這樣做

無濟於事。我們必須好好討論該如何消弭落差。我會說：「我們有什麼構想能填補落差？我們打算緊縮整個組織的醫療成本，這樣大概可以讓每股盈餘提高兩美分。我還有些點子能幫忙你們，可是還不夠。」

因此，相關人員要針對如何消弭落差好好討論一番。這種討論千萬不能省略，因為這樣一來，就可以避免有人事前拍胸脯保證，到頭來卻根本做不到，枉費你把希望寄託在他身上。不少營業人員和我談論時會說：「其實我一開始就知道我們在這個計畫上毫無希望。」我會這樣回答：「那當初你為什麼不公開直說？我不會離開這個房間，我會好好挑戰你的計畫，也會盡可能將各項因素延伸到極限。不過，如果目標根本不可能達成，那麼我們在這裡做過的事就全算白費。」

有種方式是交給某人一個數字，而他在預算評估時可能會說：「我很有把握可以用這個方法達成目標數字的九成，但剩下的一成我就不知道該如何做了 —— 我看不出有這個可能。不過，我已有了幾個構想，也願意接受你的挑戰。我會在第一季結束時再回來告訴你是否有把握。因為如果到那時我還不知道，就表示沒有希望了。」

我會告訴他：「我現在就可以立刻給你幾個建議。我仔細看過你的計畫。如果你的生產力能提高一個百分點，或是價格能調高半個百分點，就可以把缺口彌補起來。我不希望等你回去確認一番後，再來告訴我你可以提高生產力一個百分點或

提高價格半個百分點。當然你也可能會有更好的方法，不過這些是可以供你思考的兩件事。」

以去年而言，有位經理組織了一項特殊的銷售專案，將某項產品引介到一個新市場，同時還增加幾位人員負責其事，結果為公司帶來了不少額外收益。我們還在另一市場區隔中冒了一點風險，結果也成功將價格提高了半個百分點。另外，我們培訓了另外五名六標準差的黑帶人員，使我們有能力進行更多降低成本的方案。以上種種措施都是在對話中自然產生出來，而不是出自我的建議。

有時情況剛好相反，你必須從旁推一把。假設某位員工顯然達不到目標，而且也沒有合理的藉口。我可能會對他說：「現在我們該怎麼辦？本季結束時，我必須向華爾街報告，而我不可能將先前的承諾置之不顧。也許我該帶你列席記者會，然後介紹說：『這位就是該負責任的人。』你不要？好，那麼這樣做如何：你手頭上有十五萬股選擇權（我對這些數字都記得很清楚），而且你是401(k)退休計畫帳戶的成員*，你的團隊成員也有選擇權並參與了401(k)。如果公司未能達成預估目標，使股價因而跌了10％到15％，這對你和其他人難道沒有影響嗎？」

---

* 401(k) 是美國於一九八一年創立的一種延後課稅的退休金帳戶，由於美國政府將相關規定明訂在國稅條例第 401(k) 條中，故簡稱為 401(k) 計畫。

　　這時我向他提出了一項個人的挑戰：如果你無法實踐諾
言，將會損及自己以及團隊的夥伴。通常這很能夠讓員工振作
奮發，努力去達成目標的數字。

■　　■　　■

　　這種檢討過程也讓你能設定有意義的延展性目標。其實
這種目標是相當普遍的領導技巧，可以鼓勵員工發揮最大的力
量，可惜許多領導人在運用時太過漫不經心。

　　夏藍：延展性目標的效果可能會被過度誇大。它雖然很
有用，但如果只是隨意採行，或是想用以驅策員工產生對工作
的狂熱，就未必能發揮作用。延展性目標基本上有兩個目的：
一是迫使你思考如何以極端不同的方式來做事；一是協助你擁
有絕佳的執行力。

　　例如，華頓有一句著名的宣言：「在我有生之年，要不
斷降低價格。」他為威名百貨設定了延展性目標，而且也的確
做到了。福特（Henry Ford）一九二〇年代初也做到了同樣的
事，另外還有日本的松下幸之助，以及瑞典宜家家居
（IKEA）的坎普拉德（Ingvar Kamprad）。

　　為了達成延展性目標，激發華頓找到了一些西爾斯百貨
（Sears）與凱瑪（Kmart）永遠不會有的構想：碼頭至碼頭的

物流系統、對供應商的線上資訊移轉、削減交易中的許多浪費。這些措施都轉化為每天更低的價格。

　　關鍵所在就是評估延展性目標是否有達成的可能，這方面已有一套方法可用。通常必須要同時滿足五、六項的變數或假設，不過其中有些純屬運氣。在討論時應設法確認這些變數與假設，同時告知大家：「如果幸運之神眷顧，所有條件都符合，我們就可以達成目標。如果有一、兩項不符，我們就可能無法達成目標。」

　　包熙迪：雖然你希望自己的計畫有點延展性，但對幅度的大小應知所掌握。你不可能直接告訴員工：「我要給你一個數字。」我的做法是去知道你會如何達成你的數字。首先最重要的是，我必須看到你對這個數字相當有把握；其次，既然我知道你有機會完成目標，所以如果你有需要，我會提供你更多的資源；第三，我在其中可以學到很多，因為我原本可能對如何完成毫無概念。

　　這種方式通常很管用。雖然那些數字可能比員工原先認為可能達成的數字稍高一點，但不致於不符實際。如果由於市場情況改變，或我們的某些措施沒有作用，導致有人最後無法達成目標數字，但只要他已盡心盡力做到最好，還是值得獎勵。同樣的，我也看過有些人在市場一片大好時卻未達成目標，或是明明可以超越目標10％以上，卻只勉強達成目標，對

於這些人的獎金，我當然也不會那麼大方。

■　■　■

　　企業運作的核心，是人員、策略、營運三項流程如何銜接起來。領導人除了要駕馭個別流程外，也必須重視三者如何能像一個整體般共同運作。這些乃是執行紀律的根本所在，居於策略構思與執行的中心位置，也是讓你由競爭者中脫穎而出的關鍵。

　　以三項核心流程為基礎的執行紀律，構成了領導與組織的新理論。我們希望這些透過實務與心得結晶，能夠在改變工作方式上助你一臂之力。

結語
寫給新領導人的一封信

親愛的珍妮：

　　恭賀妳榮升新職！我們衷心為妳高興。妳一定很希望能在更高的職位上一展領導長才，因而我們想在此和妳分享一些資訊，相信這對妳在面對新挑戰時，多少會有點幫助。

　　讓我們先設想一下，擔任這項職位需要哪些技巧，而妳本身又具備了哪些。相信以妳所擁有的自信心，一定能做出真誠的自我評估。萬一妳發現自己在某一方面欠缺經驗（相信妳也知道，大多數領導人在事業生涯的某個時刻都會有這種情形），就一定要找到足以補強妳缺點的人。總之，妳所帶領的團隊最好具備多元的能力，如此才能提高成功的機會。

　　妳對自己的組織了解有多少？不要忘了必須深入執行單位，和每一個階層的員工聊聊，並且向他們提出一些問題，仔細聆聽他們的答案。妳將由此得知企業內部的許多真相，也能和員工建立私下的情誼，這是身為傑出領導人所不可或缺的。

　　盡早了解妳所屬員工的信念與行為，如此一來，執行任

務會容易許多。珍妮，妳能獲得今日的成功，多半可說是因妳的行事風格令人激賞所致。過去妳總能鼓勵不拘一格的創意，有雅量接納與自己相反的意見，以身作則地透過坦誠而包容的對話，讓事實能公開呈現出來。妳一向獎勵認真做事的人，也吸引到各方英才為妳效力。

如今新環境中的員工是否能和妳理念一致？這個企業的文化是否推崇執行力，認同並獎勵績效，使員工樂於完成任務。妳的員工是否願意擁抱真理，積極參與建設性的討論？又或者工作環境中充斥勾心鬥角的投機心態，只會爭功諉過？果真如此的話，妳得著手制定一些社會軟體，用以改變惡質的企業文化。唯有這麼做才能讓公司上下齊心服從妳的領導，也能讓妳長保過去卓越的紀錄。

要能獲得成果，最重要的事情莫過於親自參與領導三項核心流程。因為這是企業根本所在，也是領導人得以強化或改變文化的著力點。企業是否具備執行力，最重大的差別就在於領導人是否能以嚴謹且周密的態度去推動這些流程。做為企業領導人，免不了感到分身乏術，妳得會見社區領袖、政府官員、供應商等等，還要出席各種場合。然而，這些核心流程的運作必須列在妳最優先項目的頭一件。

我們知道妳深信員工是企業最重要的資產，不過妳必須親自主導人員流程，才能將此一信念真正落實。別忘了要將人員流程的重要性擺在首位，因為妳的成功端賴於能培育出多少

「Ａ」級人才，並讓他們合作無間。妳至少應了解單位中階級最高的前三分之一員工的績效與潛力。當然評鑑過程必須確保誠實直率，並且讓員工能獲得進一步成長所必要的回饋、指導與訓練。由於論功行賞是促進績效最有效的方法，妳必須確定公司的薪資制度能讓認真辦事者獲得獎勵。

我們建議妳將員工和競爭對手相比較，然後再反省是否績效標準訂得不夠高，並且檢視妳的員工是否具備必要的紀律，以在業界長保領先。

擬定正確的策略流程，可以讓妳個人與企業都獲致長遠的成功。企業領導人是親自主導流程，還是交給能力不足或不諳實況的規劃人員？是否蒐集到正確資訊，足以精確地評量對手與自己的相對狀況？計畫是否夠詳細，能讓員工清楚知道該如何改善績效與生產力？就這些計畫的關鍵性基本事項，切不可用模糊的宣言敷衍了事，而必須有各項具體的方案。計畫是否確認企業所面對的重大議題？妳的新團隊過去在克服障礙上的紀錄如何？妳也知道，如果無法就關鍵性課題進行確認、討論與解決，企業就會陷入進退失據的狀態。此外，資源是否依據機會的高低而做比例的配置，還是採行齊頭式的原則，每項方案都分到一點，但全都不夠？計畫是否直截了當、簡單扼要，容易讓人了解？請記住，妳應該讓企業內每個人都能對它有相當的理解。

一旦有了預算之後，妳該想想是否有與這項預算相關的

行動計畫？我們看過太多預算，雖然在數字組合上極其精密，而且呈現方式也相當完美，然而卻和企業營運的實況扯不上關係。為期一年的營運計畫應該列舉年度內預定達成的事項，使組織所有部門能同步化，並且與策略流程以及人事流程銜接在一起。營運計畫明確昭示論功行賞的原則，自然能鼓勵員工全力以赴，達成承諾的目標，而主管則可彙集所有可資運用的素養與創意，以因應隨時可能出現的突發事件。

珍妮，我們還要極力強調，妳必須親自參與三項核心的工作流程。妳必須從開始就居於主導地位，同時對定期檢討以及後續追蹤的工作也要親自參與，如此方能確保最後成果能符合當初的預期。從這樣的過程中，妳可逐步累積必要的知識與權威，好讓妳自己能以整合而務實的整體性眼光來經營企業。而且唯有如此，妳才能確定三項核心流程能互相銜接。

還有什麼該列為優先事項？這個清單可能長得列不完，不過其中有三項最為重要。第一，確定妳和員工真的了解顧客，包括顧客的需求以及購買行為，以及購買行為的轉變，還要設法了解他們為何不選擇別家而偏好妳們的產品。大家都必須認清顧客是事業成功的基礎。第二，不斷尋求新方法來改進績效，例如引進六標準差以及數位化等方案。這些方案不但能提升生產力，還能使員工在共同的目標下團結起來。第三，必須維持並修練知性的誠實，好讓自己總能看清真相。看待事物要實事求是，切忌只看自己喜歡的一面。

有時候妳很難明白自己的表現如何。我們希望妳的組織能給予妳適當的回饋與指導，就像妳也會對自己的直屬部下給予回饋與指導一般。不過就算如此，我們發現企業領導人還是需要有一位推心置腹的業外友人從旁提醒，使思考不致發生偏差。這位友人必須充滿智慧，對妳坦誠相待，協助妳不時自我反省，不斷成長與學習，並且無懼於做出棘手的抉擇。

這項新工作可能壓力很大，所以希望妳保重身體，維持生活正常。別讓情緒起伏太大，前後一致的行事作風可以顯示妳懂得自我節制，也會強化周遭人士對妳的信心。

珍妮，最重要的是，不要忘記妳之所以贏得領導人的地位，完全是因為妳過去對工作的投入。請繼續保持參與的熱誠，同時還要投入更深。有些人從工作中成長，有些人卻因而自我膨脹。從工作中成長的人對事業充滿熱情，他們不會以太忙為藉口，而忽略重要的細節，他們會與員工維持親近的關係，而不會高高在上，不願傾聽和學習，並且能長保好奇心與求知慾，對新觀念抱持開放的態度，一如踏入職場頭一天那樣。

或許我們這兩個老朋友講得太多了，不過我們真的對妳的進步十分欣慰，也相信妳有能力在將來更上層樓。

妳誠摯的友人

包熙迪與夏藍

國家圖書館出版品預行編目資料

執行力：沒有執行力.哪有競爭力 / 包熙迪(Larry Bossidy), 夏藍(Ram
　　Charan)著；李明譯. -- 第四版. -- 臺北市：天下遠見, 2012.05
　　面；　　公分. -- (財經企管；CB480)
　　譯自：Execution : the discipline of getting things done
　　ISBN 978-986-216-948-3(精裝)

　　1.管理科學　　2.企業管理

494　　　　　　　　　　　　　　　　　　　101008957

閱讀天下文化，傳播進步觀念。

- 書店通路 —— 歡迎至各大書店‧網路書店選購天下文化叢書。

- 團體訂購 —— 企業機關、學校團體訂購書籍，另享優惠或特製版本服務。
  請洽讀者服務專線 02-2662-0012 或 02-2517-3688＊904 由專人為您服務。

- 讀家官網 —— 天下文化書坊
  天下文化書坊網站，提供最新出版書籍介紹、作者訪談、講堂活動、書摘簡報及精彩影音
  剪輯等，最即時、最完整的書籍資訊服務。
  www.bookzone.com.tw

- 閱讀社群 —— 天下遠見讀書俱樂部
  全國首創最大 VIP 閱讀社群，由主編為您精選推薦書籍，可參加新書導讀及多元演講活
  動，並提供優先選領書籍特殊版或作者簽名版服務。
  RS.bookzone.com.tw

- 專屬書店 ——「93巷‧人文空間」
  文人匯聚的新地標，在商業大樓林立中，獨樹一格空間，提供閱讀、餐飲、課程講座、
  場地出租等服務。
  地址：台北市松江路93巷2號1樓　電話：02-2509-5085
  CAFE.bookzone.com.tw

財經企管 480

執行力 —— 沒有執行力‧哪有競爭力

作　　者／包熙迪（Larry Bossidy）、夏藍（Ram Charan）
譯　　者／李明
總 編 輯／吳佩穎
責任編輯／鄭佳美
封面設計／王志弘
封面完稿、版型設計、電腦排版／洪素貞

出版者／遠見天下文化出版股份有限公司
創辦人／高希均、王力行
遠見‧天下文化 事業群董事長／高希均
事業群發行人／CEO／王力行
天下文化社長／林天來
天下文化總經理／林芳燕
國際事務開發部兼版權中心總監／潘欣
法律顧問／理律法律事務所陳長文律師　　　著作權顧問／魏啟翔律師
地　　址／台北市104松江路93巷1號2樓
讀者服務專線／(02) 2662-0012
傳　　真／(02)2662-0007；(02)2662-0009
電子郵件信箱／cwpc@cwgv.com.tw
直接郵撥帳號／1326703-6號　遠見天下文化出版股份有限公司

製版廠／東豪印刷事業有限公司
印刷廠／祥峰印刷事業有限公司
裝訂廠／聿成裝訂股份有限公司
登記證／局版台業字第2517號
總經銷／大和書報圖書股份有限公司　電話／(02) 8990-2588
出版日期／2012年07月20日第一版第1次印行
　　　　　2022年12月07日第四版第19次印行

定價／380元

原著書名／Execution: The Discipline of Getting Things Done by Larry Bossidy and Ram Charan
Copyright © 2002, 2009 by Larry Bossidy and Ram Charan
Complex Chinese Edition Copyright © 2003, 2007, 2008, 2012 by Commonwealth Publishing Co., Ltd.,
a member of Commonwealth Publishing Group
This edition is published by arrangement with Crown Publishers, a division of Random House, Inc. through Bardon-Chinese Media Agency

ISBN：978-986-216-948-3（英文版ISBN-13: 978-0-07-174165-1）
書號：BCB480

天下文化官網　bookzone.cwgv.com.tw